Lecture Notes in Mathematics

A collection of informal reports and seminars
Edited by A. Dold, Heidelberg and B. Eckmann, Zürich

159

R. Ansorge · R. Hass

Lehrstuhl für numerische Mathematik der Universität Hamburg

Konvergenz von Differenzenverfahren für lineare und nichtlineare Anfangs-wertaufgaben

Springer-Verlag
Berlin · Heidelberg · New York 1970

 Library of Congress Catalog Card Number 77-139733. Printed in Germany.
Title No. 3316

Offsetdruck: Julius Beltz, Weinheim/Bergstr.

V O R W O R T

Im Jahre 1956 gaben die Herren Lax und Richtmyer [26] eine Theorie an, die unter Benutzung funktionalanalytischer Hilfsmittel die Struktur des Konvergenzverhaltens von Differenzapproximationen für eine große Klasse linearer Anfangswertaufgaben mit partiellen Differentialgleichungen vollständig und typunabhängig aufklärte.

Ebenfalls im Jahre 1956 erschien die Arbeit von Herrn Dahlquist [15], die für gewöhnliche (nicht notwendig lineare) Differentialgleichungen erster Ordnung weitestgehende Aufklärung der Konvergenzeigenschaften zugehöriger Differenzapproximationen erbrachte.

Beide Theorien sind inzwischen auch im Rahmen von Lehrbüchern in großer Ausführlichkeit und mit zahlreichen wichtigen Ergänzungen dargestellt worden (vgl. z.B. [31],[20]). Das Buch der Herren Richtmyer und Morton enthält in seinem zweiten Teil überdies eine nahezu lückenlose Beschreibung der (bis ca. 1965) auch zu Differenzapproximationen spezieller Typen nichtlinearer Anfangswertaufgaben bei partiellen Differentialgleichungen vorliegenden Ergebnisse. Offen mußte dabei jedoch die Frage bleiben (und sie ist es zu einem beträchtlichen Teil noch heute), inwieweit sich auch größere Klassen dieser Probleme einer der Lax-Richtmyer-Theorie ähnlichen (also insbesondere einer typunabhängigen) Behandlung unterwerfen lassen.

Einige Möglichkeiten wiederzugeben, mit denen diese Lücke verringert werden kann, war Ziel und Inhalt einer Vorlesung, die der ältere der beiden Verfasser des vorliegenden Buches im Wintersemester 1969/70 an der Universität Hamburg hielt. Eine vom jüngeren Autor erstellte Ausarbeitung der Vorlesung bildete die Grundlage der nachfolgenden Darstellung, die sich weitgehend den Formulierungen innerhalb der Lax-Richtmyer-Theorie anschließt. Dabei werden insbesondere die strukturell bedingten Schwierigkeiten beleuchtet, die sich beim Übergang zu nichtlinearen Problemen auftun. Sie lassen es notwendig erscheinen, Einschränkungen der Konvergenzeigenschaften approximierender Verfahren hinzunehmen. Der in diesem Zusammenhang erst im nichtlinearen Bereich so recht hervortretenden Bedeutung der Existenz verallgemeinerter Lösungen der gegebenen Anfangswertaufgabe wird deshalb größere Aufmerksamkeit geschenkt.

Die Theorie der linearen Aufgaben wird nur insoweit einschließlich einiger funktionalanalytischer Hilfsmittel wiederum dargestellt, als es zur Geschlossenheit der Vorlesung und zur Hervorhebung der Strukturunterschiede gegenüber nichtlinearen Problemen notwendig erschien.

Die eingestreuten Beispiele sollten den Hörern die der Zielsetzung nach notwendig ein wenig abstrakten Untersuchungen lediglich verdeutlichen. Sie sind deshalb bewußt sehr einfach gehalten. In diesem Sinne ist auch der (weitgehend aus [31] übernommene) Abschnitt 4.5 lediglich als Beispiel zu werten.

Im übrigen weist das Buch Mängel auf, die einer mehr exemplarischen Vorlesung häufig anhaften: Vollständigkeit konnte von vornherein nicht angestrebt werden; dafür wurde manches, was dem Kundigen knapper darstellbar erscheint, im Interesse der Hörer breiter ausgeführt.

Ihrem verehrten Kollegen, bzw. Lehrer, Herrn Lothar Collatz, danken die Autoren für das Interesse, das er der zusammenfassenden Publikation mancher der hier wiedergegebenen Ergebnisse seit längerer Zeit entgegenbrachte.

Für die sorgfältige Herstellung der Druckvorlage sagen wir Frau Wilma Bergmann herzlichen Dank.

Hamburg, im April 1970

Rainer Ansorge
Reiner Hass

INHALTSVERZEICHNIS

BEZEICHNUNGEN

AWA : Anfangswertaufgabe(n)

ARWA : Anfangsrandwertaufgabe(n)

DGL : Differentialgleichung(en)

$C^p(B)$: Raum der auf B p-mal stetig-differenzierbaren Funktionen

$C^p_\omega(B)$: Raum der auf B p-mal stetig-differenzierbaren und in jeder Variablen ω-periodischen Funktionen

$L^p(B)$: Raum der zur p-ten Potenz über B summierbaren Funktionen

$L^p_\omega(B)$: Raum der zur p-ten Potenz über B summierbaren und in jeder Variablen ω-periodischen Funktionen

$\mathbb{N}$: Menge der natürlichen Zahlen

$\mathbb{R}$: Menge der reellen Zahlen

$\mathbb{Z}$: Menge der ganzen Zahlen

§ 1 ANFANGSWERTAUFGABEN

1.1. Betrachtete Typen von Anfangswertaufgaben

Wir beginnen mit einigen Beispielen:

1. In dem Banachraum [1])

$$\mathfrak{B} := \{u : u \in C^0_{2\pi}(\mathbb{R}),\ \|u\| = \max_{0 \le x \le 2\pi} |u(x)|\}$$

suchen wir eine einparametrige Schar u(t) von Elementen

$$[u(t)](x) = u(x,t),$$

die dort bezüglich der in $\mathfrak{B}$ gegebenen Norm der linearen AWA

$$u_t = u_x,\ 0 \le t \le T,$$
$$u(x,0) = u_0(x)$$

genügt. Setzt man den linearen Differentialoperator

$$\frac{\partial}{\partial x} = A,$$

so kann obige AWA in der Form

$$u_t = Au,\ 0 \le t \le T,$$
$$u(0) = u_0.$$

geschrieben werden.

Definitionsbereich $\mathfrak{B}_A$ des Operators A ist der Teilraum $\mathfrak{B} \cap C^1(\mathbb{R})$. Den Teilraum von $\mathfrak{B}$, in dem die Aufgabe ein-

---

[1]) Für funktionalanalytische Begriffsbildungen siehe man etwa [10].

deutige Lösungen besitzt, bezeichnen wir mit $\mathfrak{A}$ [1]). Im vorliegenden Beispiel ist $\mathfrak{A} = \mathfrak{B}_A$ [2]). Für $u_o \in \mathfrak{A}$ lautet die Lösung

$$u(x,t) = u_o(x+t).$$

Der Teilraum $\mathfrak{A}$ ist dicht in $\mathfrak{B}$, da schon die in $\mathfrak{A}$ enthaltenen trigonometrischen Polynome nach dem Weierstraßschen Approximationssatz dicht in $\mathfrak{B}$ sind (vergl. z.B. [28]).

Definition:

Aufgrund der Eindeutigkeit der Lösung für jedes $u_o \in \mathfrak{A}$ kann nun vermöge der Vorschrift

$$[E_o(t)u_o](x) := u_o(x+t) \quad \forall \quad x \in \mathbb{R}$$

eine Operatorenschar $E_o(t)$ definiert werden.

Eigenschaften:

Die Operatoren $E_o(t)$ sind in diesem Beispiel für jedes feste t stetige lineare Operatoren von $\mathfrak{A}$ in $\mathfrak{B}$. Weiter haben die Operatoren $E_o(t)$ die "Halbgruppeneigenschaft"

$$E_o(s+t) = E_o(s)E_o(t).$$

Bemerkung:

Die Halbgruppeneigenschaft der Lösungsoperatoren $E_o(t)$

---

1) Diese Sprechweise bedeutet hier wie im folgenden, daß die Elemente von $\mathfrak{A}$ als Anfangselemente der gegebenen Aufgabe eindeutige Lösungen gewährleisten.

2) Wie auch nachfolgende Beispiele zeigen, ist im allgemeinen nur $\mathfrak{A} \subset \mathfrak{B}_A$.

beschreibt das Hadamardsche Prinzip des Determinismus in der Natur (vergleiche etwa [19], S. 29).

Definition:

Wir definieren nun für beliebiges $u_o \in \mathfrak{B}$

$$[E(t)u_o](x) := u_o(x+t) \quad \forall \quad x \in R$$

eine Schar $E(t)$ und nennen $u(t) := E(t)u_o$ "verallgemeinerte Lösung" der gegebenen AWA.

Eigenschaften:

Die $E(t)$ sind in diesem Beispiel für jedes feste t stetige lineare Operatoren von $\mathfrak{B}$ in $\mathfrak{B}$. Sie sind somit stetige lineare Erweiterungen der $E_o(t)$ vom Definitionsbereich $\mathfrak{A}$ auf den Definitionsbereich $\mathfrak{B}$ (kurz: von $\mathfrak{A}$ auf $\mathfrak{B}$).

2. In dem Banachraum

$$\mathfrak{B} := \{u : u \in L^2[0,1] , \|u\| = (\int_0^1 u^2 \, dx)^{\frac{1}{2}} \}$$

suchen wir eine einparametrige Schar $u(t)$ von Elementen, die dort der linearen ARWA

$$u_t = u_{xx}$$
$$u(x,0) = u_o(x) \text{ für } 0 \leq x \leq 1$$
$$u(0,t) = u(1,t) = 0 \text{ für } 0 \leq t \leq T$$

genügt. Setzt man den linearen Differentialoperator

$$\frac{\partial^2}{\partial x^2} = A,$$

so kann obige ARWA (wie im ersten Beispiel) ebenfalls in der Form

$$u_t = Au,\ 0 \leq t \leq T,$$
$$u(0) = u_0$$

geschrieben werden, sofern man den Definitionsbereich des Operators A etwa auf zweimal stetig-differenzierbare Funktionen u mit

$$u(0,t) = u(1,t) = 0 \quad \text{für } 0 \leq t \leq T$$

einschränkt.

Wir definieren nun $u_0(x) = -u_0(-x)$ für $-1 \leq x \leq 0$ und setzen die Anfangsfunktion u_0 über das Intervall $[-1,+1]$ hinaus periodisch fort. Die Anfangsfunktion u_0 sei weiterhin in eine Fourierreihe entwickelbar. Dann existiert sicher eine eindeutig bestimmte Lösung. Hat u_0 als ungerade Funktion etwa eine Darstellung der Form

$$u_0(x) = \sum_{k=1}^{\infty} B_k \sin(k\pi x),$$

so lautet die Lösung

$$u(x,t) = \sum_{k=1}^{\infty} e^{-k^2\pi^2 t} B_k \sin(k\pi x).$$

Den Teilraum von $\mathfrak{B}$, in dem obige Aufgabe eine eindeutige Lösung besitzt, bezeichnen wir wiederum mit $\mathfrak{A}$. Folglich enthält $\mathfrak{A}$ die Restriktionen der ungeraden trigonometrischen Polynome auf das Intervall $[0,1]$. Mithin ist $\mathfrak{A}$ dicht in $\mathfrak{B}$, wie abermals unter Verwendung des Weierstraßschen Approximationssatzes folgt.

Definition:

Die die Lösungen beschreibende Operatorenschar $E_0(t)$ definiert man auf $\mathfrak{A}$ analog dem ersten Beispiel:

$$[E_o(t)u_o](x) = \sum_{k=1}^{\infty} e^{-k^2\pi^2 t} B_k \sin(k\pi x) \quad \forall \quad x \in \mathbb{R}.$$

Eigenschaften:

Die Operatoren $E_o(t)$ sind auch in diesem Beispiel stetige lineare Operatoren von $\mathfrak{A}$ in $\mathfrak{B}$. Weiter haben die Operatoren $E_o(t)$ wieder die Halbgruppeneigenschaft.

Bemerkung:

Nicht so offensichtlich wie im ersten Beispiel ist hier die Existenz stetiger linearer Erweiterungen der Operatoren $E_o(t)$ (vergleiche jedoch Satz 2 in Abschnitt 1.2).

3. In dem Banachraum

$$\mathfrak{B} := \{u : u \in C^o_{2\pi}(\mathbb{R}),\ \|u\| = \max_{0 \leq x \leq 2\pi} |u(x)|\}$$

suchen wir eine einparametrige Schar u(t) von Elementen, die dort der halblinearen AWA

$$u_t - u_x = 2u^2,\ 0 \leq t \leq T,$$
$$u(x,0) = u_o(x)$$

genügt. Bezeichnet man nun den Differentialoperator $\frac{\partial}{\partial x}$ mit F und den erstmals auftretenden Restoperator mit G ($Gu = 2u^2$) und die Summe dieser beiden Operatoren mit A, so kann auch diese AWA (wie in den beiden ersten Beispielen) in der Form

$$u_t = Au,\ 0 \leq t \leq T,$$
$$u(0) = u_o$$

geschrieben werden.

Bemerkung:

Hängen die Koeffizienten der Aufgabe zusätzlich noch von der Ortsvariablen ab, so wird die obige Schreibweise davon nicht beeinflußt. Hängen die Koeffizienten hingegen auch noch von der Zeitvariablen t ab, so schreibt man

$$u_t = A(t)u, \; 0 \leq t \leq T,$$
$$u(0) = u_o.$$

Die Teilmenge von $\mathfrak{B}$, in der obige Aufgabe eine eindeutige Lösung besitzt, bezeichnen wir wieder mit $\mathfrak{a}$. Hier ist

$$\mathfrak{a} = \{u : u \in \mathfrak{B} \cap C^1(\mathbb{R}), \; \|u\| < \frac{1}{2T}\}.$$

Für $u_o \in \mathfrak{a}$ lautet die eindeutig bestimmte Lösung der AWA

$$u(x,t) = \frac{u_o(x+t)}{1-2tu_o(x+t)}.$$

Im Gegensatz zu den vorigen Beispielen ist hier die Teilmenge $\mathfrak{a}$ nicht dicht in $\mathfrak{B}$. Sie ist jedoch dicht in

$$\mathfrak{U} := \{u : u \in \mathfrak{B}, \; \|u\| < \frac{1}{2T}\},$$

da wiederum die in $\mathfrak{a}$ enthaltenen trigonometrischen Polynome bereits dicht in $\mathfrak{U}$ sind.

Definition:

Die Operatorenschar $E_o(t)$ definieren wir auf $\mathfrak{a}$ analog den vorhergehenden Beispielen:

$$[E_o(t)u_o](x) = \frac{u_o(x+t)}{1-2tu_o(x+t)} \quad \forall \, x \in \mathbb{R}.$$

Eigenschaften:

Die Operatoren $E_o(t)$ sind in diesem Beispiel nichtlineare stetige Operatoren von $\mathfrak{A}$ in $\mathfrak{B}$. Im Gegensatz zu den vorigen Beispielen haben die Operatoren $E_o(t)$ nicht die Halbgruppeneigenschaft.

Bemerkung:

Hängen die Koeffizienten der DGL von der Zeitvariablen t ab, so haben die Operatoren $E_o(t)$ i.a. auch bei linearer AWA nicht die Halbgruppeneigenschaft. Wir betrachten dazu

$$u_t = 2tu, \quad 0 \leq t \leq T,$$

$$u(0) = u_o$$

mit der eindeutig bestimmten Lösung

$$u(t) = e^{t^2} u_o.$$

Die Operatorenschar $E_o(t)$ ist also auf $\mathbb{R}$ definiert durch

$$E_o(t)u = e^{t^2} u \quad \forall \, u \in \mathbb{R}.$$

Da $E_o(s+t)u = e^{(s+t)^2} u$ und $E_o(s)E_o(t)u = e^{s^2+t^2} u$, ist

$$E_o(s+t) \neq E_o(s)E_o(t) \quad \forall \, s,t \neq 0.$$

4. Die Bedeutung der nun betrachteten quasilinearen AWA liegt unter anderem darin, daß sich auch AWA mit nichtlinearen partiellen DGL höherer Ordnung zumeist auf AWA mit Systemen quasilinearer DGL zurückführen lassen. Wir betrachten das Beispiel (vergleiche [35], S.126)

$$u_{tt} = f(x,t,u,u_x,u_t,u_{xx},u_{xt}),$$
$$u(x,0) = \varphi(x),\ u_t(x,0) = \psi(x).$$

Wir führen die allgemein üblichen Bezeichnungen

$$u_x = p,\ u_t = q,$$
$$u_{xx} = r,\ u_{xt} = s,\ u_{tt} = w$$

ein. Mit diesen Bezeichnungen ist dann obige AWA der AWA mit dem System

$$\begin{aligned} u_t &= q \\ p_t &= q_x \\ q_t &= w \\ r_t &= s_x \\ s_t &= w_x \\ w_t &= f_t + f_u q + f_p q_x + f_q w + f_r s_x + f_s w_x, \\ u(x,0) &= \varphi\,(x) =: u_o(x) \\ p(x,0) &= \varphi'(x) =: p_o(x) \\ q(x,0) &= \psi\,(x) =: q_o(x) \\ r(x,0) &= \varphi''(x) =: r_o(x) \\ s(x,0) &= \psi'(x) =: s_o(x) \\ w(x,0) &= f(x,0,u_o(x),p_o(x),q_o(x),r_o(x),s_o(x)) =: w_o(x) \end{aligned}$$

äquivalent. Wir setzen nun

$$\bar{u}(x,t) := \begin{bmatrix} u \\ u_x \\ u_t \\ u_{xx} \\ u_{xt} \\ u_{tt} \end{bmatrix} \text{ und } \begin{bmatrix} v \\ v_x \\ v_t \\ v_{xx} \\ v_{xt} \\ v_{tt} \end{bmatrix} =: \bar{v}(x,t),$$

$$[F(t,\bar{u})\bar{v}](x) := \begin{bmatrix} 0 & 0 & 0 & 0 & 0 & 0 \\ 0 & 0 & \frac{\partial}{\partial x} & 0 & 0 & 0 \\ 0 & 0 & 0 & 0 & 0 & 0 \\ 0 & 0 & 0 & 0 & \frac{\partial}{\partial x} & 0 \\ 0 & 0 & 0 & 0 & 0 & 0 \\ 0 & 0 & f_p\frac{\partial}{\partial x} & 0 & f_r\frac{\partial}{\partial x} & f_s\frac{\partial}{\partial x} \end{bmatrix} \bar{v},$$

$$[G(t)\bar{u}](x) := \begin{bmatrix} q \\ 0 \\ w \\ 0 \\ 0 \\ f_t + f_u q + f_q w \end{bmatrix},$$

wobei die Ableitungen von f Funktionen von $x,t,\bar{u}$ sind.
Mit

$$F + G = A$$

kann auch diese AWA (wie in den vorhergehenden Beispielen) in der Form

$$\bar{u}_t = A\bar{u},\ 0 \leq t \leq T,$$
$$\bar{u}(0) = \bar{u}_0$$

geschrieben werden.

Bemerkung:
Der Operator $F(t,\bar{u})$ ist für jedes feste t aus $[0,T]$ und für jedes feste $\bar{u}$ aus dem zugrunde gelegten normierten Raum $\mathfrak{M}$ über R ein linearer Differentialoperator bezüg-

lich der Ortsvariablen. Also

$$F(t,\bar{u})(\lambda_1\bar{v}_1+\lambda_2\bar{v}_2) = \lambda_1 F(t,\bar{u})\bar{v}_1 + \lambda_2 F(t,\bar{u})\bar{v}_2$$

$$\forall\ \lambda_i \in \mathbb{R} \text{ und } \forall\ \bar{v}_i \in \mathfrak{M}_F,$$

wobei $\mathfrak{M}_F$ der gemeinsame Definitionsbereich der Operatoren $F(t,\bar{u})$ ist, den wir nichtleer voraussetzen wollen.

Bemerkung:
Über die Existenz stetiger Erweiterungen der Operatoren $E_o(t)$ ist bei quasilinearen AWA nur wenig bekannt.

Die angeführten Beispiele legen allgemein die Betrachtung von Anfangswertaufgaben der folgenden Form nahe:

In einem normierten Raum $\mathfrak{M}$ über $\mathbb{R}$ sei eine einparametrige Schar $u(t)$ von Elementen gesucht, die dort bezüglich der in $\mathfrak{M}$ gegebenen Norm der im allgemeinen nichtlinearen AWA

$$\begin{aligned} u_t &= A(t)u,\ 0 \leq t \leq T, \\ u(0) &= u_o \end{aligned} \tag{1}$$

genügt. Dabei ist $\mathfrak{M}$ zumeist ein normierter Raum der auf einer Teilmenge $\mathfrak{G}$ des Raums R^d der "Ortsvariablen" definierten reellwertigen Funktionen. Weiter sei $\mathfrak{A}$ die Teilmenge der $u_o \in \mathfrak{M}$, für die obige AWA eine eindeutige Lösung besitzt.

Bemerkung:
Für $F = \Theta$ (Θ = Nulloperator auf $\mathfrak{M}$) sind in dieser Aufgabenklasse insbesondere AWA mit gewöhnlichen nicht notwendig li-

nearen DGL erster Ordnung, bzw. Systemen solcher Gleichungen, enthalten.

Definition:
Wie in obigen Beispielen definieren wir nun auf $\mathfrak{A}$ vermöge

$$\text{"}E_o(t)u_o = u(t) \text{ ist Lösung obiger AWA"}$$

eine Operatorenschar $E_o(t)$. Wir setzen die Operatoren $E_o(t)$ im folgenden für jedes feste t aus [O,T] als stetig voraus. Die AWA soll also sachgemäß gestellt sein.

1.2. Verallgemeinerte Lösungen.

Definition:
Die Teilmenge $\mathfrak{A}$ sei dicht in einer Teilmenge $\mathfrak{U}$ von $\mathfrak{M}$. Gibt es dann stetige Erweiterungen E(t) der Operatoren $E_o(t)$ von $\mathfrak{A}$ auf $\mathfrak{U}$, so heißt die Schar

$$u(t) = E(t)u_o, \quad u_o \in \mathfrak{U}$$

"verallgemeinerte Lösung" der AWA (1).

<u>Satz 1:</u>
Es gibt höchstens eine stetige Erweiterung des Operators $E_o(t)$ von $\mathfrak{A}$ auf $\mathfrak{U}$ für jedes feste $t \in [O,T]$.

Beweis:
Seien E und F stetige Erweiterungen des Operators E_o von $\mathfrak{A}$ auf $\mathfrak{U}$. Ferner sei $u \in \mathfrak{U}$ beliebig fest. Dann ist für $v \in \mathfrak{A}$

$\|Eu-Fu\| \leq \|Eu-Ev\| + \|Ev-Fv\| + \|Fv-Fu\| = \|Eu-Ev\| + \|Fv-Fu\|$.
Da $\mathfrak{A}$ dicht in $\mathfrak{U}$ und E und F stetig auf $\mathfrak{U}$ sind, gibt es zu beliebigem $\varepsilon > 0$ ein $v \in \mathfrak{A}$ mit $\|Eu-Ev\| < \varepsilon$ und $\|Fv-Fu\| < \varepsilon$.
Also ist $\|Eu-Fu\| < 2\varepsilon$ für jedes $\varepsilon > 0$, d. h. $\|Eu-Fu\| = 0$.
Dies gilt für jedes feste $u \in \mathfrak{U}$. Also ist $E = F$ auf $\mathfrak{U}$.

Satz 2 (vergleiche etwa [23], S. 107):
Im linearen Fall gibt es eine stetige lineare Erweiterung E des Operators E_o von $\mathfrak{A}$ auf $\mathfrak{U}$, falls $\mathfrak{M}$ vollständig ist. Es gilt:

$$\|E\|_{\mathfrak{U}} = \|E_o\|_{\mathfrak{A}} .$$

Beweis:
Sei $u \in \mathfrak{U}$ beliebig fest gewählt. Da $\mathfrak{A}$ dicht in $\mathfrak{U}$ ist, gibt es eine gegen u konvergente Folge $\{u_n\}$ aus $\mathfrak{A}$:

$$\lim_{n \to \infty} u_n = u. \tag{2}$$

Aufgrund der Stetigkeit von E_o und der Vollständigkeit von $\mathfrak{M}$ ist dann auch die Folge $\{E_o u_n\}$ konvergent. Wir setzen

$$\lim_{n \to \infty} E_o u_n = Eu. \tag{3}$$

a. E ist Erweiterung von E_o.
Sei $u \in \mathfrak{A}$ beliebig fest gewählt. Es ist dann $\|Eu-E_o u\| \leq \|Eu-E_o u_n\| + \|E_o u_n - E_o u\| = \|Eu-E_o u_n\| + \|E_o\| \, \|u_n - u\|$, da E_o linear ist. Mit (2),(3) ergibt sich daraus $\|Eu-E_o u\| = 0$, da E_o beschränkt ist. Also ist $Eu = E_o u$.

b. E ist linear auf $\mathfrak{U}$.
Seien $u,v \in \mathfrak{U}$ beliebig fest gewählt. Für $\lambda_i \in \mathbb{R}$ ist dann $\|E(\lambda_1 u+\lambda_2 v) - (\lambda_1 Eu+\lambda_2 Ev)\| \leq$

$\|E(\lambda_1 u+\lambda_2 v)-E_o(\lambda_1 u_n+\lambda_2 v_n)\| + \|\lambda_1 E_o u_n - \lambda_1 Eu+\lambda_2 E_o v_n-\lambda_2 Ev\| \leq$

$\|E(\lambda_1 u+\lambda_2 v)-E_o(\lambda_1 u_n+\lambda_2 v_n)\| + |\lambda_1|\,\|E_o u_n-Eu\|+|\lambda_2|\,\|E_o v_n-Ev\|$.

Mit (3) ergibt sich daraus $\|E(\lambda_1 u+\lambda_2 v)-(\lambda_1 Eu+\lambda_2 Ev)\| = 0$.

Also ist $E(\lambda_1 u+\lambda_2 v) = \lambda_1 Eu + \lambda_2 Ev$.

c. E ist stetig auf $\mathfrak{U}$.

Sei $u \in \mathfrak{U}$ beliebig fest. Es ist $\|Eu\| \leq \|E_o u_n\| + \|Eu-E_o u_n\| \leq$ $\|E_o\|\|u_n\| + \|Eu-E_o u_n\| \leq \|E_o\|\|u_n-u\| + \|E_o\|\|u\| + \|Eu-E_o u_n\|$. Mit (2),(3) ergibt sich daraus $\|Eu\| \leq \|E_o\|\|u\|$. Dies gilt für jedes $u \in \mathfrak{U}$. Also ist E beschränkt auf $\mathfrak{U}$ und damit aufgrund der Linearität auch stetig auf $\mathfrak{U}$.

d. $\|E\|_{\mathfrak{U}} = \|E_o\|_{\mathfrak{A}}$.

Die letzte Ungleichung ergibt $\|E\|_{\mathfrak{U}} \leq \|E_o\|_{\mathfrak{A}}$. Andererseits ist $\|E\|_{\mathfrak{U}} = \sup\limits_{u\in\mathfrak{U},\|u\|=1} \|Eu\| \geq \sup\limits_{u\in\mathfrak{A},\|u\|=1} \|Eu\| = \sup\limits_{u\in\mathfrak{A},\|u\|=1} \|E_o u\| =$ $\|E_o\|_{\mathfrak{A}}$. Also ist in der Tat $\|E\|_{\mathfrak{U}} = \|E_o\|_{\mathfrak{A}}$.

Folgerung:

Bei einer linearen sachgemäß gestellten AWA, bei der $\mathfrak{M}$ vollständig und $\mathfrak{A}$ dicht in $\mathfrak{U}$ ist, gibt es stets eindeutig bestimmte verallgemeinerte Lösungen auf $\mathfrak{U}$ (vergleiche auch [26]).

Bemerkung:

Bei gewissen halblinearen AWA läßt sich die Existenz verallgemeinerter Lösungen mittels Iterationsverfahren unter Verwendung des Satzes von Weißinger [46] beweisen (vergleiche [42]). Wir werden jedoch die Existenz aus den approximierenden Differenzengleichungen später direkt ablesen.

§ 2 DIFFERENZAPPROXIMATIONEN

2.1. Gewinnung von Differenzapproximationen.

Die Gewinnung von Differenzapproximationen für partielle DGL ähnelt der für gewöhnliche DGL. Man überdeckt den Produktraum $[0,T] \times \mathbb{R}^d$ mit einem Gitter und ersetzt die in den Gitterpunkten auftretenden Ableitungen durch finite Ausdrücke (vergleiche etwa [11]). Eine allgemeine Konstruktionsvorschrift gibt es nicht. Die Konstruktionen erfolgen zum Teil heuristisch. Ihre Rechtfertigung finden sie dann durch Untersuchung der Eigenschaften der so gewonnenen Verfahren.

Voraussetzung:
In Richtung der Zeitvariablen t nehmen wir das Gitter im folgenden stets äquidistant an und bezeichnen die Schrittweite mit h. Ferner setzen wir

$$t_n = n \cdot h \quad \text{für } n = 0,1,2,\ldots .$$

Zur Gewinnung von Differenzapproximationen betrachten wir zunächst eine AWA einer gewöhnlichen Differentialgleichung

$$y' = f(t,y), \; 0 \leq t \leq T,$$
$$y(0) = y_0.$$

Die etwaige Lösung der AWA genügt der Beziehung

$$y(t_{n+1}) = y(t_n) + \int_{t_n}^{t_{n+1}} f(t,y)dt$$

$$n = 0,1,2,\ldots .$$

Die Auswertung des Integrals mit einem Quadraturverfahren (etwa Simpson-Regel) führt zu einer speziellen Klasse von Differenzenverfahren (etwa Adamsverfahren).

Diese Methode kann man auch auf die oben betrachteten AWA

$$u_t = Au, \; 0 \leq t \leq T,$$

$$u(o) = u_o$$

übertragen und erhält so spezielle Klassen von Differenzengleichungen. Auch hier gilt nämlich offenbar

$$u(t_{n+1}) = u(t_n) + \int_{t_n}^{t_{n+1}} Au \, dt$$

$$n = 0,1,2,\ldots .$$

Beispiel:

$$u_t(x,y) = [Au](x,y) = \varphi(u)(u_{xx}+u_{yy}) + f(x,y,t,u)$$

$$u(t_{n+2})(x,y) = u(t_n)(x,y) + \int_{t_n}^{t_{n+2}} [Au](x,y)dt$$

$$n = 0,1,2,\ldots .$$

Auswertung des Integrals mit der Simpson-Regel ergibt

$$u(t_{n+2})(x,y) =$$

$$u(t_n)(x,y) + \frac{h}{3}([Au(t_n)](x,y) + 4[Au(t_{n+1})](x,y) + [Au(t_{n+2})](x,y)) + R$$

$$n = 0,1,2,\ldots,$$

wobei R der Fehler des Quadraturverfahrens ist. Approximation der auftretenden Differentialoperatoren durch entsprechende Differenzenoperatoren unter Verwendung des über $\mathbb{R} \times \mathbb{R}$ gelegten Rasters und Vernachlässigung von R ergibt

$$
\begin{aligned}
& u_{n+2}(x,y) = \\
& u_n(x,y) + \frac{h}{3}\,\varphi(u_n(x,y)) \left\{ \frac{u_n(x-\Delta x,y)-2u_n(x,y)+u_n(x+\Delta x,y)}{(\Delta x)^2} \right. \\
& \qquad \left. + \frac{u_n(x,y-\Delta y)-2u_n(x,y)+u_n(x,y+\Delta y)}{(\Delta y)^2} \right\} \\
& \qquad + \frac{h}{3}\cdot f(x,y,t_n,u_n(x,y)) + \\
& \frac{4}{3}h\,\varphi(u_{n+1}(x,y)) \left\{ \frac{u_{n+1}(x-\Delta x,y)-2u_{n+1}(x,y)+u_{n+1}(x+\Delta x,y)}{(\Delta x)^2} \right. \\
& \qquad \left. + \frac{u_{n+1}(x,y-\Delta y)-2u_{n+1}(x,y)+u_{n+1}(x,y+\Delta y)}{(\Delta y)^2} \right\} \\
& \qquad + \frac{4}{3}h\cdot f(x,y,t_{n+1},u_{n+1}(x,y)) + \\
& \frac{h}{3}\varphi(u_{n+2}(x,y)) \left\{ \frac{u_{n+2}(x-\Delta x,y)-2u_{n+2}(x,y)+u_{n+2}(x+\Delta x,y)}{(\Delta x)^2} \right. \\
& \qquad \left. + \frac{u_{n+2}(x,y-\Delta y)-2u_{n+2}(x,y)+u_{n+2}(x,y+\Delta y)}{(\Delta y)^2} \right\} \\
& \qquad + \frac{h}{3}\cdot f(x,y,t_{n+2},u_{n+2}(x,y))
\end{aligned}
$$

für jeden Gitterpunkt $(x,y) \in \mathbb{R} \times \mathbb{R}$.

Bemerkung:

Neben dem Wert u_o wird zum Start des Verfahrens auch der Wert u_1 benötigt. Doch die Gewinnung von u_1 soll zunächst nicht präzisiert werden.

Voraussetzung:

Sofern nichts anderes gesagt wird, sind im folgenden zwischen den (nicht notwendig äquidistanten) Schrittweiten Δx_j in Richtung der Ortsvariablen x_j und der äquidistanten Schrittweite h in Richtung der Zeitvariablen gewisse (im Einzelfalle näher zu präzisierende) Beziehungen der Form

$$\max \Delta x_j = g_j(h) \quad ^{1)}$$

$$\text{mit} \quad \lim_{h \to 0} g_j(h) = 0 \quad \text{für}$$

$$j = 1,\ldots,d$$

definiert.

Bemerkung:

Im obigen Beispiel könnten diese Beziehungen etwa lauten:

$$(\Delta x)^2 = (\Delta y)^2 = \frac{h}{\lambda} \tag{1}$$

mit einer konstanten positiven Zahl λ.

Zunächst sind die Näherungen u_n nur Gitterfunktionen, d. h. nur in den Gitterpunkten von $\mathcal{G}$ erklärte Funktionen. Um im folgenden jedoch nicht immer zwischen Gitterfunktionen und auf $\mathcal{G}$ definierten Funktionen unterscheiden zu müssen, wird der Gültigkeitsbereich der Differenzengleichung auf die Zwischengitterpunkte, d.h. auf $\mathcal{G}$ ausgedehnt, indem man etwa im obigen Beispiel in der Differenzengleichung auch $(x,y) \in \mathcal{G}$ zuläßt.

---

[1]) Gemeint ist hier das Maximum über alle in Richtung der Variablen x_j auftretenden verschiedenen Schrittweiten.

Bei ARWA kann in der Nähe der Ränder unter Umständen nicht so verfahren werden, da dort bei solchem Vorgehen nicht definierte Funktionswerte auftreten können. Für die Umgehung dieser Schwierigkeiten siehe man Seite 22.

Wir kehren wieder zu dem eben behandelten Beispiel zurück und legen als normierten Raum $\mathfrak{M}$ den Banachraum

$$\mathfrak{B} = \{u : u \in C^0_{2\pi}(\mathbb{R}^2),\ \|u\| = \max_{0 \le x,y \le 2\pi} |u(x,y)|\}$$

zugrunde. Wir setzen im folgenden $\varphi \in C^0(\mathbb{R})$ und $f \in C^0(\mathbb{R}^3)$ für jedes feste t sowie $f \in \mathfrak{B}$ für jedes feste t und jedes feste u voraus. Die Differentialgleichung läßt sich dann in der Form

$$u_t = A(t,u)u := F(t,u)u + G(t)u$$

$$u(0) = u_0$$

darstellen, wobei im vorliegenden Fall

$$[F(t,u)v](x,y) := \varphi(u(x,y))(v_{xx}(x,y)+v_{yy}(x,y))$$

$$[G(t)u](x,y) := f(x,y,t,u(x,y)).$$

Die Differenzengleichung kann durch

$$A_2(h)u_{n+2} + A_1(h)u_{n+1} + A_0(h)u_n +$$

$$+ h(B_2G(t_{n+2})u_{n+2} + B_1G(t_{n+1})u_{n+1} + B_0G(t_n)u_n) = 0$$

$$n = 0,1,2,\ldots$$

beschrieben werden, wobei die Operatoren $A_\nu(h)$ und B_ν unter Anwendung von (1) folgendermaßen definiert sind:

$$[A_2(h)u](x,y) := -\frac{\lambda}{3}\ \varphi(u(x,y))(\ldots.) + u(x,y)$$

$$[A_1(h)u](x,y) := -\frac{4}{3}\lambda\varphi(u(x,y))(\ldots.)$$

$$[A_0(h)u](x,y) := -\frac{\lambda}{3}\ \varphi(u(x,y))(\ldots.) - u(x,y)$$

$$B_2 u := -\frac{1}{3}u$$
$$B_1 u := -\frac{4}{3}u$$
$$B_0 u := -\frac{1}{3}u.$$

In die leeren Klammern ist einzutragen:

$$u(x-\sqrt{\tfrac{h}{\lambda}},y) + u(x+\sqrt{\tfrac{h}{\lambda}},y) - 4u(x,y) + u(x,y-\sqrt{\tfrac{h}{\lambda}}) + u(x,y+\sqrt{\tfrac{h}{\lambda}}).$$

Bemerkung:

Infolge der Quasilinearität der approximierten DGL sind auch die Differenzenoperatoren A_i in folgendem Sinne quasilinear:

A_i ist darstellbar in der Form

$$A_i(h)u = D_i(h,u)u,$$

wobei D_i für jedes feste $h \geq 0$ und für jedes feste u aus $\mathfrak{B}$ ein linearer Operator von $\mathfrak{B}$ in sich ist. Beispielsweise ist

$$[D_1(h,u)v](x,y) = -4\frac{\lambda}{3}\varphi(u(x,y))(v(x-\sqrt{\tfrac{h}{\lambda}},y)+v(x+\sqrt{\tfrac{h}{\lambda}},y)-4v(x,y)+ +v(x,y-\sqrt{\tfrac{h}{\lambda}})+v(x,y+\sqrt{\tfrac{h}{\lambda}})).$$

Auch bei anderen Konstruktionsmethoden der Differenzapproximation quasilinearer AWA kommt man häufig auf folgende Form:

$$\sum_{\nu=0}^{k} A_\nu(t_{n+\nu},h)u_{n+\nu} + h\cdot\sum_{\nu=0}^{k} B_\nu(h)G(t_{n+\nu})u_{n+\nu} = 0$$
$$n = 0,1,2,\dots,$$

wobei stets $A_k \neq \Theta$ vorausgesetzt wird. Die Operatoren $B_\nu(h)$ sind stetige lineare Operatoren von $\mathfrak{M}$ in sich. Die durch $A_\nu(t,h)u = D_\nu(t,h,u)u$ gegebenen Operatoren $D_\nu(t,h,u)$ sind für jedes feste $h \geq 0$ und für jedes feste $t \in [0,T]$ stetige, nicht notwendig lineare Operatoren von $\mathfrak{M}$ in sich.

Bemerkung:

In dem eben behandelten Beispiel ist $k = 2$. Hätte man statt der Simpson-Regel beispielsweise eine höhere Newton-Cotes-Regel verwendet, so hätte man ein $k > 2$ erhalten.

Bemerkung:

Die Berechnung der Funktion u_{n+k} mit obigem Verfahren setzt die Kenntnis der Funktionen $u_{n+k-1}, \ldots, u_n$ voraus. Das Verfahren kann also erst nach Ermittlung eines "Anfangsfeldes" $\{u_o, \ldots, u_{k-1}\}$ gestartet werden. Die Ermittlung des Anfangsfeldes soll vorerst nicht näher präzisiert werden.

Definition:

Das obige Verfahren nennt man im Falle $k = 1$ ein Einschrittverfahren und im Falle $k > 1$ ein Mehrschrittverfahren oder auch genauer ein k-Schrittverfahren.

Definition:

Ist A_k die Identität und B_k die Nullabbildung, so nennt man das obige Verfahren explizit, anderenfalls implizit.

Bemerkung:

Bei impliziten Verfahren ist die Auflösbarkeit nach der zu berechnenden Funktion u_{n+k} sicherzustellen, beispielsweise durch Konvergenznachweis eines Iterationsverfahrens, etwa

$$D_k(t_{n+k},h,u_{n+k}^{[r]})u_{n+k}^{[r+1]} + \sum_{\nu=0}^{k-1} D_\nu(t_{n+\nu},h,u_{n+\nu})u_{n+\nu} +$$

$$+ h\cdot B_k(h)G(t_{n+k})u_{n+k}^{[r]} + h\sum_{\nu=0}^{k-1} B_\nu(h)G(t_{n+\nu})u_{n+\nu} = 0$$

$$r = 0,1,2,\ldots$$

mit beliebigem $u_{n+k}^{[0]}$. Die Forderung der Konvergenz der Iteration bedeutet unter anderem im allgemeinen eine Einschränkung der Schrittweite, wie schon das einfache Beispiel

$$y' = f(t,y),\ 0 \leq t \leq T,$$

$$y(0) = y_0$$

zeigt. Verwendet man zur Approximation das Einschrittverfahren

$$y_{n+1} = y_n + \frac{h}{2}(f(t_n,y_n)+f(t_{n+1},y_{n+1}))$$

$$n = 0,1,2,\ldots$$

und dann zur Berechnung von y_{n+1} das Iterationsverfahren

$$y_{n+1}^{[r+1]} = y_n + \frac{h}{2}(f(t_n,y_n)+f(t_{n+1},y_{n+1}^{[r]}))$$

$$r = 0,1,2,\ldots,$$

ist überdies f bezüglich y für alle $t \in [0,T]$ global gleichgradig lipschitzstetig, d. h. gibt es eine Konstante L mit

$$|f(t,\bar{y})-f(t,y)| = L\,|\bar{y}-y| \quad \forall\ \bar{y},y \in \mathbb{R}, \quad \forall\ t \in [0,T],$$

so konvergiert das Iterationsverfahren unter der Bedingung

$$h < \frac{2}{L}.$$

Allgemein bedeutet die Voraussetzung der Auflösbarkeit impliziter Verfahren die Existenz von

$$R(t,h) := (A_k(t,h)+hB_k(h)G(t))^{-1} \tag{2}$$

auf $\mathfrak{M}$ für alle hinreichend kleinen h.

Bemerkung:

Bei ARWA ist die Ausdehnung der Gitterfunktionen auf Zwischengitterpunkte mittels der Differenzengleichung, wie schon erwähnt, nur für innere Punkte möglich. In der Nähe der Ränder ist dies beispielsweise durch Interpolation möglich.

Beispiel:

$$u_t = u_{xx} + f(x,t,u)$$
$$u(x,0) = u_0(x) \quad \text{für } 0 \leq x \leq 1$$
$$u(0,t) = u(1,t) + \alpha u_x(1,t) = 0 \quad \text{für } 0 \leq t \leq T.$$

Zur Approximation nehmen wir das Einschrittverfahren

$$u_{n+1}(x) = u_n(x) + h\cdot\frac{u_n(x-\Delta x)-2u_n(x)+u_n(x+\Delta x)}{(\Delta x)^2} + hf(x,t_n,u_n(x))$$
$$\Delta x \leq x \leq 1-\Delta x. \tag{3}$$

Interpolation für Punkte in Nähe des linken Randes ergibt

$$u_{n+1}(x) = u_{n+1}(0) + \frac{x}{\Delta x}(u_{n+1}(\Delta x)-u_{n+1}(0)).$$

Einsetzen der am linken Rand gegebenen Randbedingung liefert

$$u_{n+1}(x) = \frac{x}{\Delta x}\cdot u_{n+1}(\Delta x)$$
$$0 \leq x \leq \Delta x. \tag{4}$$

Interpolation für Punkte in Nähe des rechten Randes ergibt

$$u_{n+1}(x) = u_{n+1}(1) + \frac{x-1}{\Delta x}(u_{n+1}(1)-u_{n+1}(1-\Delta x)) \Rightarrow$$
$$u_{n+1}(x) = (1-\frac{1-x}{\Delta x})\, u_{n+1}(1) + \frac{1-x}{\Delta x}\, u_{n+1}(1-\Delta x).$$

Approximation der am linken Rand gegebenen Randbedingungen durch

$$u_{n+1}(1) + \frac{\alpha}{\Delta x}(u_{n+1}(1)-u_{n+1}(1-\Delta x)) = 0$$

ergibt

$$u_{n+1}(1) = \frac{\frac{\alpha}{\Delta x}}{1+\frac{\alpha}{\Delta x}}\, u_{n+1}(1-\Delta x).$$

Einsetzen der so approximierten Randbedingung liefert dann

$$u_{n+1}(x) = \gamma(x) \cdot u_{n+1}(1-\Delta x)$$

mit

$$\gamma(x) = \left(1-\frac{1-x}{\Delta x}\right)\cdot \frac{\frac{\alpha}{\Delta x}}{1+\frac{\alpha}{\Delta x}} + \frac{1-x}{\Delta x}$$

$$1-\Delta x \leq x \leq 1. \tag{5}$$

Aus (3),(4),(5) schließt man nun unmittelbar die Stetigkeit der Funktion u_{n+1} auf dem ganzen Intervall, falls u_n stetig und $f(x,t,u)$ für jedes feste t bezüglich $x \in [0,1]$ und $u \in \mathbb{R}$ stetig ist.

(3),(4),(5) kann man zusammenfassend in der Form

$$A_1(h)u_{n+1} + A_o(h)u_n + h(B_1(h)G(t_{n+1})u_{n+1} + B_o(h)G(t_n)u_n) = 0$$

$$n = 0,1,2,\ldots$$

schreiben, wobei unter Verwendung der Beziehung

$$(\Delta x)^2 = \frac{h}{\lambda}$$

mit einem konstanten $\lambda > 0$ gilt:

$$[A_1(h)u](x) = u(x)$$

$$-[A_o(h)u](x) = \begin{cases} x\sqrt{\frac{\lambda}{h}}\,\{u(\sqrt{\frac{h}{\lambda}}) + \lambda(u(2\sqrt{\frac{h}{\lambda}}) - 2u(\sqrt{\frac{h}{\lambda}}))\} \\ \qquad \text{für } 0 \leq x \leq \sqrt{\frac{h}{\lambda}} \\ u(x) + \lambda(u(x-\sqrt{\frac{h}{\lambda}}) - 2u(x) + u(x+\sqrt{\frac{h}{\lambda}})) \\ \qquad \text{für } \sqrt{\frac{h}{\lambda}} \leq x \leq 1-\sqrt{\frac{h}{\lambda}} \\ \gamma(x)\{u(1-\sqrt{\frac{h}{\lambda}}) + \lambda(u(1-2\sqrt{\frac{h}{\lambda}}) - 2u(1-\sqrt{\frac{h}{\lambda}}) + u(1))\} \\ \qquad \text{für } 1-\sqrt{\frac{h}{\lambda}} \leq x \leq 1 \end{cases}$$

$$[B_1(h)u](x) = 0$$

$$-[B_o(h)u](x) = \begin{cases} x\sqrt{\frac{\lambda}{h}}\; u(\sqrt{\frac{h}{\lambda}}) & \text{für } 0 \leq x \leq \sqrt{\frac{h}{\lambda}} \\ u(x) & \text{für } \sqrt{\frac{h}{\lambda}} \leq x \leq 1-\sqrt{\frac{h}{\lambda}} \\ \gamma(x)\; u(1-\sqrt{\frac{h}{\lambda}}) & \text{für } 1-\sqrt{\frac{h}{\lambda}} \leq x \leq 1 \end{cases}$$

$$[G(t)u](x) = f(x,t,u(x)).$$

Da $A_1(h)$ die identische Abbildung und $B_1(h)$ die Nullabbildung ist, ist das vorliegende Verfahren ein explizites Verfahren.

Bemerkung:

Im Gegensatz zum vorigen Beispiel hängt der Operator $B_o(h)$ hier von der Schrittweite ab.

2.2. Formale Rückführung von Mehrschrittverfahren auf Einschrittverfahren.

Bemerkung:

Unter den oben angegebenen Voraussetzungen für die Auflösbarkeit impliziter Verfahren existiert bei impliziten Einschrittverfahren eine eindeutige Zuordnung der Form

$$u_n = C(t_{n-1},h)u_{n-1} \tag{6}$$

mit

$$C(t,h) = R(t+h,h)(-A_o(t,h)-hB_o(h)G(t)). \tag{7}$$

Bei expliziten Einschrittverfahren liegt eine solche Form

ohnehin schon vor. Von dieser Darstellung gelangt man nun unmittelbar zu der Darstellung

$$u_n = \prod_{\nu=0}^{n-1} C(t_\nu,h)u_o \qquad (8)$$
$$n = 1,2,\ldots .$$

Dabei ist auf die Reihenfolge der Faktoren zu achten, da sie im allgemeinen Fall nicht vertauschbar sind. Hängen die Koeffizienten der DGL jedoch nicht von der Zeitvariablen t ab, so sind die Faktoren vertauschbar. In diesem speziellen Fall gilt offenbar:

$$u_n = C^n(h)u_o \qquad (8a)$$
$$n = 1,2,\ldots .$$

Definition:
Die Faktoren $C(t,h)$ nennen wir Differenzenoperatoren und $\prod_{\nu=0}^{n-1} C(t_\nu,h)$ iterierte Differenzenoperatoren.

Die Differenzenoperatoren seien nach Ausdehnung der Differenzengleichung auf die Zwischengitterpunkte im Bereich der Ortsvariablen Operatoren, die ihren Definitionsbereich $\mathfrak{M}_C$ von $\mathfrak{M}$ in sich abbilden, wobei $\mathfrak{M}_C$ von t nicht abhänge.

Die Voraussetzung der Abbildung des Definitionsbereichs in sich verhindert ein vorzeitiges Versagen des Verfahrens.

Beispiele:

1. Sei $\mathfrak{M} = \{u : u \in C^o_{2\pi}(R^d),\ \|u\| = \max\limits_{j=1,\ldots,d}\ \max\limits_{0 \le x_j \le 2\pi} |u(x_1,\ldots,x_d)|\}$.
   Die auf alle $x = (x_1,\ldots,x_d)$ ausgedehnte Differenzenglei-

chung (6) schreiben wir vorübergehend in der Form

$$u_n(x) = H_h(t_{n-1};x;u_{n-1}(x^{(1)}(x)),\dots, u_{n-1}(x^{(r_n)}(x))). \quad (9)$$

Dabei seien

$$x^{(r)}(x) = (x_1+l_1^{(r)}\Delta x_1,\dots,x_d+l_d^{(r)}\Delta x_d) \quad (10)$$

($l_j^{(r)}$ ganz und unabhängig von x; $j=1,\dots,d$; $r=1,\dots,r_n$) diejenigen Nachbarpunkte von x, in denen Funktionswerte u_{n-1} zur Berechnung von u_n genommen werden.

Hinreichend dafür, daß die durch (6) definierten Operatoren $C(t,h)$ den Raum $\mathfrak{M}$ in sich abbilden, ist offenbar die 2π-Periodizität bezüglich x sowie die Stetigkeit der Funktion $H_j(t;x;p_1,\dots,p_{r_n})$ bezüglich aller Veränderlichen bei festem h und festem t ($p_r \in \mathbb{R}$ für $r = 1,\dots,r_n$).

2. Sei $\mathfrak{M}_C = \{u : u \in L^p(\mathfrak{G}),\ \|u\| = (\int_{\mathfrak{G}} |u(x)|^p dx)^{\frac{1}{p}}\}$ mit geeigneter Teilmenge $\mathfrak{G}$ von $\mathbb{R}^d$.

Die Schrittweiten in Richtung der Ortsvariablen seien äquidistant. Es werde die auf der rechten Seite der Gleichung (9) auftretende Funktion $u_{n-1}(x)$ in einem Punkte x abgeändert. Dann ändert sich offenbar wegen (10) auch u_n nur in endlich vielen Nachbarpunkten $x_{(s)}$ von x, wobei die $x_{(s)}$ mit keinem der obigen $x^{(r)}$ zusammenfallen brauchen. Durchläuft nun x die Menge $\mathfrak{K}$ und ist $\mathfrak{K}_{(s)}$ die Menge der zugehörigen $x_{(s)}$, so geht $\mathfrak{K}_{(s)}$ aus $\mathfrak{K}$ durch Translation hervor. Ist daher $\mathfrak{K}$ eine Menge vom Maß Null, so trifft dies auch für jedes $\mathfrak{K}_{(s)}$ und daher auch für die Vereinigung der endlich vielen $\mathfrak{K}_{(s)}$ zu (vergleiche [9], S.354 ff.).

Es bleibt zu fordern, daß mit $u_{n-1} \in L^p(\mathfrak{G})$ auch $u_n \in L^p(\mathfrak{G})$. Dies ist zum Beispiel gewiß der Fall, wenn wiederum H_h bezüglich aller Variablen stetig ist bei festem h und festem t und zu u_{n-1} eine zur p-ten Potenz summierbare Funktion g existiert derart, daß

$$|H_h(t_{n-1}; x; u_{n-1}(x^{(1)}(x)), \ldots, u_{n-1}(x^{(r_n)}(x)))| \leq g(x)$$

ausfällt (vergleiche [32], S.39).

Erwartet man auch von der lediglich in den Gitterpunkten genommenen Lösung der Differenzengleichung (6), daß sie zumindest von Abänderungen der Anfangsfunktion $u_o \in L^p$ auf einer Nullmenge (also zum Beispiel den Gitterpunkten) nicht beeinflußt wird, so kann man als Anfangswerte der Differenzengleichung Integralmittelwerte von u_o über gewisse Umgebungen der Gitterpunkte verwenden (vergleiche hierzu [17]).

Bei Mehrschrittverfahren hat man das Erfülltsein von Voraussetzungen zu fordern, die der Abbildung von $\mathfrak{M}_C$ in sich entsprechen.

Bemerkung:

Um im folgenden nicht in jedem Fall zwischen Ein- und Mehrschrittverfahren unterscheiden zu müssen, formulieren wir zweckmäßigerweise die k-Schrittverfahren in $\mathfrak{M}$ als formales Einschrittverfahren in $\mathfrak{M}^k$. $\mathfrak{M}^k$ ist hierbei der (lineare) Produktraum der aus k Komponenten u,v,... aus $\mathfrak{M}$ bestehenden Vektoren

$$\tilde{u} = \begin{bmatrix} u \\ v \\ \vdots \end{bmatrix} .$$

Als Norm in $\mathfrak{M}^k$ verwenden wir

$$\|\tilde{u}\|_{\mathfrak{M}^k} = \|u\|_{\mathfrak{M}} + \|v\|_{\mathfrak{M}} + \ldots \tag{11}$$

Die Elemente des Produktraumes $\mathfrak{M}^k$ wollen wir stets im Gegensatz zu den Elementen des Raumes $\mathfrak{M}$ mit einer Schlange versehen. Die Normen sollen künftig nicht unterschiedlich bezeichnet werden, da Verwechslungen nicht zu befürchten sind.

Wir setzen

$$\tilde{u}_n = \begin{bmatrix} u_{n+k-1} \\ u_{n+k-2} \\ \cdots\cdots \\ u_n \end{bmatrix} . \tag{12}$$

Wegen $u_{n+k} = R(t_{n+k},h)\left(\sum_{\nu=0}^{k-1}(-A_\nu(t_{n+\nu},h)-hB_\nu(h)G(t_{n+\nu}))u_{n+\nu}\right)$ folgt

$$\tilde{u}_{n+1} = \begin{bmatrix} R(t_{n+k},h) & & \Theta \\ & I & \\ \Theta & & \ddots \\ & & & I \end{bmatrix} \left(\begin{bmatrix} -A_{k-1}(t_{n+k-1},h) \ldots -A_1(t_{n+1},h) & -A_0(t_n,h) \\ I \;\ddots \quad \Theta & \Theta \\ \Theta \quad\quad \ddots \; I & \vdots \\ & \Theta \end{bmatrix} \right.$$

$$\left. - h \begin{bmatrix} B_{k-1}(h) \ldots B_1(h) & B_0(h) \\ \Theta & \end{bmatrix} \begin{bmatrix} G(t_{n+k-1}) & & \Theta \\ & G(t_{n+k-2}) & \\ & \cdots\cdots\cdots & \\ \Theta & & G(t_n) \end{bmatrix} \right) \tilde{u}_n$$

$$=: \tilde{C}(t_n,h)\tilde{u}_n . \tag{13}$$

Von dieser Darstellung gelangt man nun wieder unmittelbar zu der Relation

$$\tilde{u}_n = \prod_{\nu=0}^{n-1} \tilde{C}(t_\nu,h)\tilde{u}_o \qquad (14)$$

$$n = 1,2,\ldots,$$

wobei $\tilde{u}_o$ das oben definierte Anfangsfeld ist. Die Faktoren $\tilde{C}(t,h)$, bzw. $\prod_{\nu=0}^{n-1} \tilde{C}(t_\nu,h)$, nennen wir auch hier Differenzenoperatoren, bzw. iterierte Differenzenoperatoren, und wir fordern, daß auch sie ihren Definitionsbereich in sich abbilden.

Für die hier und im folgenden in Matrizenform geschriebenen Operatoren auf $\mathfrak{M}^k$ gelten formal die üblichen Regeln der Matrizenaddition und Matrizenmultiplikation mit einer Ausnahme: Das linksseitige distributive Gesetz

$$\tilde{A}(\tilde{B}+\tilde{C}) = \tilde{A}\tilde{B} + \tilde{A}\tilde{C}$$

ist nur richtig, wenn $\tilde{A}$ ein linearer Operator auf $\mathfrak{M}^k$ ist, seine Elemente also lineare Operatoren auf $\mathfrak{M}$ darstellen.

Wir setzen nun (15)

$$\tilde{E}_o(t,h)=\begin{bmatrix} E_o(t+(k-1)h) & & \Theta \\ & E_o(t+(k-2)h) & \\ & \cdots\cdots\cdots\cdots & \\ \Theta & & E_o(t) \end{bmatrix}, \quad \tilde{u}(t)=\begin{bmatrix} u(t+(k-1)h) \\ u(t+(k-2)h) \\ \cdots\cdots\cdots\cdots \\ u(t) \end{bmatrix}, \quad \tilde{u}_o^*=\begin{bmatrix} u_o \\ u_o \\ \cdots \\ u_o \end{bmatrix}$$

und erhalten dann für $u_o \in \mathfrak{A}$ die Lösung in der Form

$$\tilde{u}(t) = \tilde{E}_o(t,h)\tilde{u}_o^*. \qquad (16)$$

Ist die Teilmenge $\mathfrak{A}$ dicht in einer Teilmenge $\mathfrak{U}$ von $\mathfrak{M}$ und gibt es stetige Erweiterungen $E(t)$ der Operatoren $E_0(t)$ von $\mathfrak{A}$ auf $\mathfrak{U}$, so werden entsprechend den Operatoren $\tilde{E}_0(t,h)$ von $\mathfrak{A}^k$ in $\mathfrak{M}^k$ Operatoren $\tilde{E}(t,h)$ von $\mathfrak{U}^k$ in $\mathfrak{M}^k$ definiert.

Anmerkung:

Der Definitionsbereich von $\tilde{E}_0(t,h)$, bzw. $\tilde{E}(t,h)$, ist also nicht nur $\mathfrak{A}_0^k := \{\tilde{u}_0^* : u_0 \in \mathfrak{A}\}$, bzw. $\mathfrak{U}_0^k := \{\tilde{u}_0^* : u_0 \in \mathfrak{U}\}$.

Wie hier bezeichnet auch im folgenden der untere Index 0 an einer Teilmenge eines Raumes $\mathfrak{M}^k$ stets eine Teilmenge, deren Elemente aus Vektoren mit k gleichen Komponenten bestehen.

2.3. Lokaler Fehler und Konsistenz.

Bemerkung:

Stellt man der AWA

$$u_t = A(t)u, \quad 0 \leq t \leq T,$$
$$u(0) = u_0$$

ein Differenzenverfahren

$$\tilde{u}_{n+1} = \tilde{C}(t_n,h)\tilde{u}_n$$
$$n = 0,1,\ldots$$

gegenüber, so ist zunächst zu gewährleisten, daß die Differenzengleichung in gewissem Sinne die Differentialgleichung approximiert (in den behandelten Beispielen war dies durch die Konstruktion der Differenzengleichungen erfüllt).

Bemerkung:

Hat man (ausgehend von einem u_o aus $\mathfrak{A}$) statt der Näherungen $u_1, u_2, \ldots, u_{n+k-1}$ die exakten Werte $u(t_1), u(t_2), \ldots, u(t_{n+k-1})$ zur Verfügung und setzt diese in die rechte Seite der Differenzengleichung ein, so wird sich der so gewonnene Wert

$$\tilde{C}(t_n,h)\tilde{u}(t_n)$$

i. a. vom exakten Wert $\tilde{u}(t_{n+1})$ unterscheiden. Die Differenz

$$\tilde{u}(t_{n+1}) - \tilde{C}(t_n,h)\tilde{u}(t_n)$$

wird durch die lokale Anwendung der Diskretisierung der gegebenen AWA bedingt.

Definition:

Den Ausdruck (17)

$$\|\tilde{u}(t+h) - \tilde{C}(t,h)\tilde{u}(t)\| = \|\tilde{E}_o(t+h,h)\tilde{u}_o^* - \tilde{C}(t,h)\tilde{E}_o(t,h)\tilde{u}_o^*\| =$$

$$\|u(t+kh) - R(t+kh,h)(-\sum_{\nu=0}^{k-1}(A_\nu(t+\nu h,h) + hB_\nu(h)G(t+\nu h))u(t+\nu h))\|$$

nennt man den "lokalen Fehler des Verfahrens" oder auch "Abbruchfehler des Verfahrens" bei $t+(k-1)h$ für das betreffende $u_o \in \mathfrak{A}$.

Definition:

$\mathfrak{I}$ sei nichtleere Teilmenge von $\mathfrak{A}$. Gibt es $\forall\, h \in [0,h_o]$ bei geeignetem $h_o > 0$ und $\forall\, t \in [0,T]$ mit $t+kh \in [0,T]$ und $\forall\, u_o \in \mathfrak{I}$ ein von t unabhängiges $\varepsilon(h,u_o)$ mit der Eigenschaft

$$\|\tilde{u}(t+h) - \tilde{C}(t,h)\tilde{u}(t)\| \leq \varepsilon(h,u_o),$$

wobei $\varepsilon(h,u_o) = o(h)$ für $h \to 0$ bei jeweils festem $u_o \in \mathfrak{I}$, so nennt man das Differenzenverfahren "auf $\mathfrak{I}$ konsistent" mit der gegebenen AWA.

Ist speziell $\varepsilon(h,u_o) = O(h^{1+\sigma})$ für ein von $u_o \in \mathfrak{N}$ unabhängiges $\sigma > 0$, so spricht man von einem Differenzenverfahren σ-ter Ordnung auf $\mathfrak{N}$.

Beispiele:

1. In dem Banachraum $\mathbb{R}$ betrachten wir die AWA von Seite 21

$$y' = f(t,y), \quad 0 \leq t \leq T,$$
$$y(0) = y_o.$$

Zur Approximation verwenden wir das Einschrittverfahren:

$$y_{n+1} = y_n + \frac{h}{2}(f(t_n,y_n)+f(t_{n+1},y_{n+1}))$$
$$n = 0,1,2,\ldots\ .$$

f sei bezüglich y für alle $t \in [0,T]$ global gleichgradig lipschitzstetig, d. h. es gebe eine Konstante L mit

$$|f(t,\bar{y})-f(t,y)| \leq L\,|\bar{y}-y| \quad \forall\ \bar{y},y \in \mathbb{R},\ \forall\ t \in [0,T].$$

Dann ist das obige Verfahren auflösbar für alle h mit

$$h \leq h_o := \frac{1}{L}.$$

Wir fordern weiter, daß f zweimal partiell stetig-differenzierbar sei. Dann hat obige AWA nach dem Picard-Lindelöfschen Satz (vergleiche etwa [22], S.74 ff.) eine eindeutig bestimmte Lösung für alle $y_o \in \mathbb{R}$. Sie ist sogar dreimal stetig-differenzierbar. Somit existiert

$$\max_{0 \leq t \leq T} |y'''(t)|.$$

Der nach Einsetzen des exakten Wertes y(t) erhaltene Wert aus der Differenzengleichung sei $\hat{y}(t+h)$:

$$\hat{y}(t+h) = y(t) + \frac{h}{2}(f(t,y(t))+f(t+h,\hat{y}(t+h))).$$

Damit ist der lokale Fehler des Verfahrens gegeben durch

$$|y(t+h)-\hat{y}(t+h)| = |y(t+h)-y(t)-\frac{h}{2}y'(t)-\frac{h}{2}f(t+h,\hat{y}(t+h))| =$$
$$|y(t+h)-y(t)-\frac{h}{2}y'(t)-\frac{h}{2}y'(t+h)+\frac{h}{2}y'(t+h)-\frac{h}{2}f(t+h,\hat{y}(t+h))| \leq$$
$$|y(t+h)-y(t)-\frac{h}{2}y'(t)-\frac{h}{2}y'(t+h)| + \frac{h}{2}L\,|y(t+h)-\hat{y}(t+h)|$$

und daher

$$|y(t+h)-\hat{y}(t+h)| \leq |2y(t+h)-2y(t)-hy'(t)-hy'(t+h)| \leq$$
$$\leq h^3 \max_{0\leq t\leq T} |y'''(t)| =: \varepsilon(h,y_o),$$

wie man durch Taylorentwicklung um den Punkt t erkennt. Das Verfahren ist daher auf R mit der gegebenen AWA konsistent und von der Ordnung 2.

2. In dem Banachraum

$$\mathfrak{B} = \{u : u \in C^o_{2\pi}(R),\ \|u\| = \max_{0\leq x\leq 2\pi} |u(x)|\}$$

betrachten wir die schon auf Seite 5 behandelte AWA

$$u_t - u_x = 2u^2,\ 0 \leq t \leq T,$$
$$u(x,0) = u_o(x).$$

Diese AWA hat, wie wir sahen, eine eindeutige Lösung in

$$\mathfrak{A} = \{u : u \in \mathfrak{B} \cap C^1(R),\ \|u\| < \frac{1}{2T}\}.$$

Zur Approximation nehmen wir das Dreischrittverfahren:

$$u_{n+3}(x) = -9u_{n+2}(x)+9u_{n+1}(x)+u_n(x)+12h(u^2_{n+2}(x)+u^2_{n+1}(x))+$$
$$+\frac{3h}{\Delta x}(u_{n+2}(x+\Delta x)-u_{n+2}(x-\Delta x)+u_{n+1}(x+\Delta x)-u_{n+1}(x-\Delta x)).$$

Wähle $\Delta x = h$. Der lokale Fehler des Verfahrens ist dann

$$|u(x,t+3h)-\hat{u}(x,t+3h)| =$$
$$|u(x,t+3h)+9u(x,t+2h)-9u(x,t+h)-u(x,t)-12h(u^2(x,t+2h)+$$
$$+u^2(x,t+h))-3(u(x+h,t+2h)-u(x-h,t+2h)+u(x+h,t+h)-u(x-h,t+h))|.$$

Taylorentwicklung um den Punkt (x,t) ergibt als obere Schranke für den lokalen Fehler folgenden Ausdruck:

$$\max_{0\le x\le 2\pi} |12h(u_t-u_x-2u^2)+18h^2(u_t-u_x-2u^2)_t+15h^3(u_t-u_x-2u^2)_{tt}+$$
$$+2h^3u_{xxx}| + O(h^4),$$
sofern $u_o \in \mathcal{S} \cap C^4(\mathbb{R})$ bzw.

$$\max_{0\le x\le 2\pi} |12h(u_t-u_x-2u^2)+18h^2(u_t-u_x-2u^2)_t| + O(h^3),$$
sofern $u_o \in \mathcal{S} \cap C^3(\mathbb{R})$ bzw.

$$\max_{0\le x\le 2\pi} |12h(u_t-u_x-2u^2)| + O(h^2),$$
sofern $u_o \in \mathcal{S} \cap C^2(\mathbb{R})$ bzw.

$O(h)$, sofern $u_o \in \mathcal{S} \cap C^1(\mathbb{R})$.

Unter Berücksichtigung der DGL erhalten wir daraus dann

$$\varepsilon(h,u_o) = \begin{cases} O(h^3) & \forall\, u_o \in \mathcal{S} \cap C^m,\ \forall\, m \ge 3 \\ O(h^2) & \forall\, u_o \in \mathcal{S} \cap C^2 \\ O(h) & \forall\, u_o \in \mathcal{S} \cap C^1 \end{cases}$$

Folglich ist das Verfahren mit der gegebenen AWA

auf $\mathcal{S} \cap C^m$ konsistent und von der Ordnung 2 $\forall\, m \ge 3$,

auf $\mathcal{S} \cap C^2$ konsistent und von der Ordnung 1 und

auf $\mathcal{S} \cap C^1$ nicht konsistent, da im allgemeinen $O(h) \neq o(h)$.

Folgerung:

Um die Konsistenz eines Verfahrens nachzuweisen, werden häufig stärker strukturierte Anfangselemente benötigt als in dem zur AWA gehörenden Existenzsatz.

§ 3 KONVERGENZBEGRIFFE BEI DIFFERENZENVERFAHREN

3.1. Konvergenz und stetige Konvergenz.

Bemerkung:

Von einem als numerisch brauchbar zu bezeichnenden Verfahren wird man als Mindesteigenschaft erwarten, daß bei Verkleinerung der Schrittweiten die Näherungen u_n in gewissem Sinne die exakten Lösungen u(t) der AWA immer besser approximieren.

Definition:

Unter dem "globalen Fehler des Verfahrens" zum Anfangsfeld $\tilde{u}_o$ auf der Schicht $t = t_n$ versteht man den Ausdruck

$$\|\tilde{u}_n-\tilde{u}(t)\| = \|\tilde{Q}(nh,h)\tilde{u}_o-\tilde{E}(t_n,h)\tilde{u}_o^*\|.$$

Dabei bedeutet $\tilde{Q}(nh,h)$ den iterierten Differenzenoperator $\prod_{\nu=0}^{n-1}\tilde{C}(\nu h,h)$.

Wir betrachten zunächst nur Einschrittverfahren:

Definition:

Sei $\mathfrak{D}$ Teilmenge des normierten Raumes $\mathfrak{M}$. Für jedes $u_o \in \mathfrak{D}$ existiere eine eindeutig bestimmte (verallgemeinerte) Lösung $u(t) = E(t)u_o$ der AWA

$$u_t = A(t)u, \; 0 \leq t \leq T,$$
$$u(0) = u_o.$$

Das Einschrittverfahren

$$u_n = C(t_{n-1},h)u_{n-1}$$
$$n = 1,2,\ldots$$

zur Approximation dieser Aufgabe heißt "auf $\mathcal{D}$ konvergent", wenn bei beliebigem $t \in [0,T]$ für jede Folge natürlicher Zahlen $\{n_j\} \to \infty$ und für jede Schrittweitenfolge $\{h_j\} \to 0$ mit $\{n_j h_j\} \subset [0,T]$ und $\{n_j h_j\} \to t$ gilt:

$$\lim_{j\to\infty} Q_j u_o = E(t)u_o \quad \forall\, u_o \in \mathcal{D},$$
$$\text{wobei } Q_j := Q(n_j h_j, h_j)$$

(gefordert wird also die punktweise Konvergenz jeder dieser Folgen $\{Q_j\}$ gegen den Operator $E(t)$ auf $\mathcal{D}$).

Bemerkung:

Diese Konvergenz allein ist im allgemeinen noch kein ausreichendes Kriterium für die numerische Brauchbarkeit des Einschrittverfahrens (vergleiche jedoch die weiter unten angeführte Theorie von Lax und Richtmyer zum linearen Fall). Es treten fast immer unvermeidbare Rechenstörungen (zum Beispiel Rundungsfehler) auf. Begeht man etwa lediglich beim ersten Schritt einen solchen Fehler, startet also die Rechnung mit einer etwas verfälschten Anfangsfunktion $\hat{u}_o$, und vergleicht man die zu dieser gestörten Anfangsfunktion gehörende Lösung der Differenzengleichung mit der zur exakten Anfangsfunktion u_o gehörenden Lösung der Differentialgleichung, so folgt

$$\|Q_j\hat{u}_o - E(t)u_o\| \leq \|Q_j\hat{u}_o - E(t)\hat{u}_o\| + \|E(t)\hat{u}_o - E(t)u_o\|$$

für $\hat{u}_o \in \mathfrak{W}$. Zu beliebigem $\varepsilon > 0$ gibt es wegen der Stetigkeit von $E(t)$ ein $\delta(\varepsilon,t,u_o) > 0$ mit $\|E(t)\hat{u}_o - E(t)u_o\| < \frac{\varepsilon}{2}$ für alle $\hat{u}_o$ mit $\|\hat{u}_o - u_o\| < \delta$ und wegen der Konvergenz des Verfahrens ein $j_o(\varepsilon,t,\hat{u}_o) \in \mathbb{N}$ mit $\|Q_j\hat{u}_o - E(t)\hat{u}_o\| < \frac{\varepsilon}{2}$ für alle $j > j_o$.

(a) Zu beliebigem $\varepsilon > 0$ existiert also ein $\delta(\varepsilon,t,u_o) > 0$ und ein $j_o(\varepsilon,t,\hat{u}_o) \in \mathbb{N}$ mit der Eigenschaft

$$\|Q_j\hat{u}_o - E(t)u_o\| < \varepsilon$$

$$\forall\ \hat{u}_o \text{ mit } \|\hat{u}_o - u_o\| < \delta \quad \text{und} \quad \forall\ j \text{ mit } j > j_o(\hat{u}_o).$$

Hierbei stört nun jedoch die Abhängigkeit des j_o von $\hat{u}_o$. Wir wählen ein $\hat{u}_o$ mit $\|\hat{u}_o - u_o\| < \delta$ beliebig fest. Zu diesem $\hat{u}_o$ existiert dann möglicherweise eine weniger gestörte Anfangsfunktion $\check{u}_o$ mit $\|Q_j\check{u}_o - E(t)u_o\| > \varepsilon$ für ein $j > j_o(\hat{u}_o)$. Mit einer weniger gestörten Anfangsfunktion erzielt man also unter Umständen eine schlechtere Approximation als mit einer stärker gestörten Anfangsfunktion. Völlige Unabhängigkeit des j_o von u_o, d. h. gleichmäßige Konvergenz der Folge $\{Q_j\}$ gegen $E(t)$ ist im allgemeinen nicht erreichbar, da in Konvergenznachweise zumeist der lokale Fehler $\varepsilon(h,u_o)$ eingeht, der in der Regel wirklich von u_o abhängt. Wünschenswert ist jedoch, daß man mit einem einheitlichen j_o für alle $\hat{u}_o$ einer gewissen Umgebung von u_o auskommt.

(b) Zu beliebigem $\varepsilon > 0$ existiere also ein $\delta(\varepsilon,t,u_o) > 0$ und ein $j_o(\varepsilon,t,u_o) \in \mathbb{N}$ mit der Eigenschaft

$$\|Q_j\hat{u}_o - E(t)u_o\| < \varepsilon$$

$$\forall\ \hat{u}_o \text{ mit } \|\hat{u}_o - u_o\| < \delta \quad \text{und} \quad \forall\ j \text{ mit } j > j_o(u_o).$$

Bei Rinow ([33], S.64 ff.) findet man die folgende

Definition:

Seien $(\mathfrak{D}, \varrho)$ und $(\mathfrak{W}, \sigma)$ metrische Räume und E ein Operator von $\mathfrak{D}$ in $\mathfrak{W}$ und $\{Q_j\}$ eine Operatorenfolge von $\mathfrak{D}$ in $\mathfrak{W}$. Dann heißt die Folge $\{Q_j\}$ "auf $\mathfrak{D}$ stetig-konvergent" gegen E, wenn es zu beliebigem $\varepsilon > 0$ ein $\delta(\varepsilon, u_o) > 0$ und $j_o(\varepsilon, u_o)$ gibt mit

$$\sigma(Q_j u, Eu_o) < \varepsilon$$

$$\forall\, u \in \mathfrak{D} \text{ mit } \varrho(u, u_o) < \delta \text{ und } \forall\, j \text{ mit } j > j_o.$$

Folgerung:

$\{Q_j\}$ stetig-konvergent gegen E auf $\mathfrak{D} \Rightarrow \{Q_j\}$ konvergent gegen E auf $\mathfrak{D}$.

Bemerkung:

Der Begriff der stetigen Konvergenz wurde wohl erstmals von Courant in einer Arbeit über konforme Abbildungen geprägt [12].

Folgerung:

Obige Forderung (b) ist gleichbedeutend mit der stetigen Konvergenz der Operatorenfolge $\{Q_j\}$ gegen den Operator $E(t)$ auf $\mathfrak{D}$.

Definition:

Sei $\mathfrak{D}$ Teilmenge des normierten Raumes $\mathfrak{M}$. Für jedes $u_o \in \mathfrak{D}$ existiere eine eindeutig bestimmte (verallgemeinerte) Lösung $u(t) = E(t)u_o$ der AWA

$$u_t = A(t)u, \; 0 \leq t \leq T,$$
$$u(0) = u_0.$$

Das Einschrittverfahren

$$u_n = C(t_{n-1}, h)u_{n-1}$$
$$n = 1,2,\ldots$$

zur Approximation der AWA heißt "auf $\mathcal{D}$ stetig-konvergent", wenn bei beliebigem $t \in [0,T]$ für jede Folge natürlicher Zahlen $\{n_j\} \to \infty$ und für jede Schrittweitenfolge $\{h_j\} \to 0$ mit $\{n_j h_j\} \subset [0,T]$ und $\{n_j h_j\} \to t$ die Folge $\{Q_j\}$ auf $\mathcal{D}$ stetig gegen $E(t)$ konvergiert, wobei $Q_j = Q(n_j h_j, h_j)$.

Bemerkung:

Beim Mehrschrittverfahren geht nicht nur u_0, sondern auch das Anfangsfeld $\tilde{u}_0$ und damit auch die Methode, mit der es gewonnen wurde, in die Rechnung ein.

Definition:

Sei α ein Verfahren, das bei geeignetem $h_0 > 0$ jedem $h \in [0,h_0]$ und jedem $u_0 \in \mathcal{D}$ ein Anfangsfeld $\tilde{u}_0 = \tilde{u}_0(h) \in \mathfrak{M}^k$ zuordnet. Dann heißt das Verfahren α "zulässig auf $\mathcal{D}$", wenn

$$\lim_{h \to 0} \tilde{u}_0(h) = \tilde{u}_0^* \in \mathcal{D}_0^k$$

(vergleiche Anmerkung S.30).

Definition:

Sei $\mathcal{D}$ Teilmenge des normierten Raumes $\mathfrak{M}$. Für jedes $u_0 \in \mathcal{D}$ existiere eine eindeutig bestimmte (verallgemeinerte) Lösung $u(t) = E(t)u_0$ der AWA

$$u_t = A(t)u, \quad 0 \leq t \leq T,$$
$$u(0) = u_o.$$

Das Mehrschrittverfahren

$$\tilde{u}_n = \tilde{C}(t_{n-1}, h)\tilde{u}_{n-1}$$
$$n = 1,2,\ldots$$

zur Approximation dieser Aufgabe heißt bezüglich eines auf $\mathfrak{M}$ zulässigen Verfahrens "auf $\mathfrak{M}$ konvergent", wenn bei beliebigem $t \in [0,T]$ für jede Folge natürlicher Zahlen $\{n_j\} \to \infty$ und für jede Schrittweitenfolge $\{h_j\} \to 0$ mit $\{(n_j+k-1)h_j\} \subset [0,T]$ und $\{n_j h_j\} \to t$ gilt:

$$\lim_{j\to\infty} \tilde{Q}_j \tilde{u}_o(h_j) = \tilde{E}(t,0)\tilde{u}_o^* \quad \forall\, u_o \in \mathfrak{M} \;,$$
$$\text{wobei } \tilde{Q}_j = \tilde{Q}_j(n_j h_j, h_j).$$

Bemerkung:

Das Mehrschrittverfahren kann bezüglich eines zulässigen α_1 konvergieren und bezüglich eines anderen zulässigen α_2 divergieren. Das zeigt das folgende Beispiel:

$$y' = 0, \quad 0 \leq t \leq T,$$
$$y(0) = y_o.$$

Die Lösung lautet bekanntlich $y(t) \equiv y_o$. Zur Approximation dieser AWA verwenden wir nun die Differenzengleichung

$$y_{n+2} = -4y_{n+1} + 5y_n,$$

d. h. ein explizites 2-Schrittverfahren. Wegen

$|y(t+2h)+4y(t+h)-5y(t)| =$

$|y(t)+2hy'(t+2\vartheta h)+4y(t)+4hy'(t+\eta h)-5y(t)|$ mit $0 \leq \eta, \vartheta \leq 1$

ist der lokale Fehler $\varepsilon(h,y_o) \equiv 0$. Obiges Verfahren ist also mit der gegebenen Aufgabe konsistent.

1. Jedem $y_o \in \mathbb{R}$ und jedem h ordnen wir vermöge α_1 nun

$$\tilde{y}_o(h) = \tilde{y}_o^* = \begin{bmatrix} y_o \\ y_o \end{bmatrix}$$

zu. Dann ist α_1 zulässig auf $\mathbb{R}$. Bezüglich dieses α_1 konvergiert das Verfahren. Es ist nämlich

$$y_n = y_o \quad \text{für } n = 0,1,2,\dots .$$

2. Jedem $y_o \in \mathbb{R}$ und jedem h ordnen wir vermöge α_2 nun

$$\tilde{y}_o(h) = \begin{bmatrix} y_o+h^m \\ y_o \end{bmatrix}$$

zu mit einer beliebig fest gewählten positiven Zahl m. Auch α_2 ist zulässig auf $\mathbb{R}$. Bezüglich dieses α_2 konvergiert das Verfahren aber nicht. Wählt man bei beliebigem $t \in [0,T]$ nämlich $\{n_j\} = \{j\}$ und $\{h_j\} = \{\frac{t}{j+1}\}$, so ist zwar $\{n_j\} \to \infty$ und $\{h_j\} \to 0$ mit $\{(n_j+k-1)h_j\} \subset [0,T]$ und $\{n_j h_j\} \to t$, doch gilt nicht

$$\lim_{j\to\infty} \tilde{Q}_j \tilde{y}_o(h_j) = \tilde{E}(t)\tilde{y}_o^* = \tilde{y}_o^*,$$

da $\tilde{Q}_j\tilde{y}_o(h_j) = \tilde{Q}(n_j h_j, h_j)\tilde{y}_o(h_j) = \prod_{\nu=0}^{n_j-1} \tilde{C}(\nu h_j, h_j)\tilde{y}_o(h_j) =$

$$= \begin{bmatrix} -4 & 5 \\ 1 & 0 \end{bmatrix}^j \begin{bmatrix} y_o+h_j^m \\ y_o \end{bmatrix} = \begin{bmatrix} y_{j+1} \\ y_j \end{bmatrix}$$

mit

$$y_j = y_o + \frac{1}{6}\left(\frac{t}{j+1}\right)^m - \frac{(-5)^j}{6}\left(\frac{t}{j+1}\right)^m .$$

Bemerkung:

Der erste "Lösungsast" $y_o + \frac{1}{6}\left(\frac{t}{j+1}\right)^m$ approximiert wirklich die Lösung $y(t) \equiv y_o$. Der zweite "Lösungsast" $\frac{(-5)^j}{6}\left(\frac{t}{j+1}\right)^m$ kann jedoch unbeschränkt wachsen. Es handelt sich um einen "parasitären Ast", der dadurch eingeschleppt wurde, daß einer Differentialgleichung 1. Ordnung eine Differenzengleichung 2. Ordnung gegenübergestellt wurde.

Bemerkung:

Faßt man bei festem $t = 0.20$ und bei festem $h_j = 0.01$ den Ausdruck h_j^m als kleinen Rundungsfehler auf, so ergeben sich mit $m = 4$ bei fortlaufender Rechnung folgende Werte y_ν als Näherungen für $y(\nu h_j)$ $(\nu = 0,\ldots,20 = n_j+1)$

ν	y_ν
0	1.00000000
1	1.00000001...
2	0.99999996...
	....
10	0.98372396...
11	1.08138021...
12	0.59...
	....
20	-158944.

Folgerung:

Die Konvergenz des Mehrschrittverfahrens bezüglich eines bestimmten zulässigen α besagt noch nichts über die numerische Brauchbarkeit des Verfahrens.

Definition:

Das Mehrschrittverfahren heißt "L-konvergent auf $\mathfrak{M}$", wenn es bezüglich <u>jedes</u> auf $\mathfrak{M}$ zulässigen Verfahrens zur Bestimmung des Anfangsfeldes konvergent auf $\mathfrak{M}$ ist.

(Hierbei soll der Buchstabe L zum Ausdruck bringen, daß 1957 im Rahmen der Lax-Richtmyer-Theorie für lineare Mehrschrittverfahren eine äquivalente Konvergenzdefinition von Richtmyer angegeben wurde (vergleiche [31], S.172)).

Bemerkung:

Wir vereinbaren, daß eine Verkleinerung der Schrittweite h mit einer Erhöhung der Rechengenauigkeit bei der Bestimmung des Anfangsfeldes in der Weise verbunden sei, daß für $h \to 0$ auch das gestörte Anfangsfeld gegen $\tilde{u}_0^*$ konvergiert. Es soll also bei Verkleinerung der Schrittweite (etwa zum Zwecke der Verkleinerung des Verfahrensfehlers) die Erhöhung an Verfahrensgenauigkeit nicht durch unveränderte Störungseinflüsse wirkungslos gemacht werden.
Bei dieser Vereinbarung brauchen wir gestörte Anfangsfelder nicht gesondert zu behandeln.

Lemma:

Ist das Mehrschrittverfahren L-konvergent auf $\mathbb{D}$, so sind die oben definierten Operatorenfolgen $\{\tilde{Q}_j\}$ stetig-konvergent auf $\mathbb{D}_0^k$.

Beweis:

Ist die Folge $\{\tilde{Q}_j\}$ nicht stetig-konvergent auf $\mathbb{D}_0^k$, so gibt es zu mindestens einem $\varepsilon > 0$ und einem $u_0 \in \mathbb{D}$ (d.h. einem $\tilde{u}_0^* \in \mathbb{D}_0^k$) in jeder Umgebung

$$U_j(\tilde{u}_0^*) := \{\tilde{v} : \tilde{v} \in \mathbb{D}_0^k, \|\tilde{v}-\tilde{u}_0^*\| < \frac{1}{2^j}\}$$

ein $\tilde{v}_j$ mit der Eigenschaft $\|\tilde{Q}_j\tilde{v}_j-\tilde{E}(t,0)\tilde{u}_o^*\| > \varepsilon$. Wir betrachten im folgenden nun ein festes ε und ein festes u_o mit dieser Eigenschaft. Aus der Folge $\{h_j\}$ sondern wir dann eine antitone Teilfolge $\{h_{j_r}\}$ aus. Wir definieren ein Verfahren α vermöge

$$\tilde{u}_o(h) = \begin{cases} \tilde{v}_{j_r} & \text{für } h_{j_{r+1}} < h \leq h_{j_r} \text{ für das ausgesonderte } u_o \\ \tilde{u}_o^* & \text{für die übrigen } u_o \in \mathfrak{W}. \end{cases}$$

Wegen $\lim\limits_{j\to\infty} \tilde{v}_j = \tilde{u}_o^*$ folgt $\lim\limits_{h\to 0} \tilde{u}_o(h) = \tilde{u}_o^*$, womit α zulässig ist. Da weiter $\|\tilde{Q}_{j_r}\tilde{u}_o(h)-\tilde{E}(t,0)\tilde{u}_o^*\| > \varepsilon$ für alle $r \in N$, folgt

$$\lim_{r\to\infty} \tilde{Q}_{j_r}\tilde{u}_o(h_{j_r}) \neq \tilde{E}(t,0)\tilde{u}_o^*.$$

Mithin ist das Mehrschrittverfahren bezüglich dieses zulässigen Verfahrens nicht konvergent für das betreffende $u_o \in \mathfrak{W}$, also nicht L-konvergent auf $\mathfrak{W}$ im Widerspruch zur Voraussetzung. Somit ist $\{Q_j\}$ stetig-konvergent auf $\mathfrak{W}_o^k$.

Folgerung:

Für Einschrittverfahren fallen die Begriffe "L-Konvergenz" und "stetige Konvergenz" zusammen.

Für Mehrschrittverfahren ist "L-Konvergenz auf $\mathfrak{W}$" mehr als "stetige Konvergenz der iterierten Differenzenoperatoren auf $\mathfrak{W}_o^k$" jedoch weniger als "stetige Konvergenz der iterierten Differenzenoperatoren auf $\mathfrak{W}^k$", da als Grenzoperatoren nur die Restriktionen von $\tilde{E}(t,0)$ auf $\mathfrak{W}_o^k$ auftreten.

3.2. Sätze von Lax und Rinow

Wenn eine Differenzengleichung die Differentialgleichung auf $\mathfrak{S}$ approximiert (im Sinne der dort erfüllten Konsistenzbedingung), so approximieren nicht notwendigerweise die Lösungen der Differenzengleichung die Lösungen der Differentialgleichung auf $\mathfrak{S}$ (im Sinne der Konvergenz oder gar stetigen Konvergenz beim Einschrittverfahren, bzw. im Sinne der Konvergenz bezüglich eines α oder gar der L-Konvergenz beim Mehrschrittverfahren). Für das Mehrschrittverfahren vergleiche man dazu nur das eben behandelte Beispiel auf S. 40. Für das Einschrittverfahren werden wir noch ein Beispiel behandeln.

Neben der Konsistenzbedingung müssen die Differenzenverfahren also weitere Bedingungen erfüllen, worauf bereits Courant, Friedrichs und Lewy 1928 [13] hingewiesen haben. Einen ersten Eindruck solcher Bedingungen gibt der folgende

Satz 1 (Lax [26] [1]):

Sei $\mathfrak{D}$ Teilmenge des normierten Raumes $\mathfrak{M}$. Ferner gelte auf $\mathfrak{D}_o^k$

$$\lim_{j\to\infty} \tilde{Q}_j = \tilde{E}(t,0).$$

Dann gibt es ein von j unabhängiges Funktional $\kappa(u_o)$ auf $\mathfrak{D}$ mit

$$\|\tilde{Q}(nh,h)\tilde{u}_o^*\| \leq \kappa(u_o)$$

$\forall\, u_o \in \mathfrak{D}$, $\forall\, n \in N$ und $\forall\, h \geq 0$ mit $(n+k-1)h \in [0,T]$.

---

[1]) Dieser Satz wurde von Lax und Richtmyer für lineare Probleme formuliert, gilt jedoch wörtlich auch für nichtlineare Fälle, da der Beweis weder von der Linearität der Operatoren noch von der Linearität der Räume Gebrauch macht.

Beweis:

Angenommen, es existiere kein solches Funktional; dann gäbe es für mindestens ein $u_o \in \mathfrak{W}$ eine Folge natürlicher Zahlen $\{n_j\} \to \infty$ und eine Schrittweitenfolge $\{h_j\} \to 0$ mit $\{(n_j+k-1)h_j\} \subset [0,T]$ und $\lim\limits_{j\to\infty} \|\tilde{Q}_j\tilde{u}_o^*\| = \infty$. Wegen der Kompaktheit des Intervalls $[0,T]$ gäbe es jedoch eine gegen irgendein $t \in [0,T]$ konvergente Teilfolge $\{n_{j_r} h_{j_r}\}$. Für diese wäre dann aufgrund der Voraussetzung

$$\lim_{r\to\infty} \|\tilde{Q}_{j_r} \tilde{u}_o^*\| = \|\tilde{E}(t,0)\tilde{u}_o^*\| < \infty .$$

Widerspruch.

Bemerkung:

Vom Standpunkt der Anwendungen aus interessieren mehr hinreichende oder nach Möglichkeit hinreichende und notwendige Bedingungen, unter denen ein Einschrittverfahren stetig-konvergent, bzw. ein Mehrschrittverfahren L-konvergent ist.

Satz 2 (Rinow [33],S.78):

Seien $(\mathfrak{W},\varrho)$ und $(\mathfrak{M},\sigma)$ metrische Räume und E ein stetiger Operator von $\mathfrak{W}$ in $\mathfrak{M}$ und $\{Q_j\}$ eine Folge stetiger Operatoren von $\mathfrak{W}$ in $\mathfrak{M}$. Dann ist für die stetige Konvergenz der Folge $\{Q_j\}$ gegen E auf $\mathfrak{W}$ das Erfülltsein der beiden folgenden Bedingungen notwendig und hinreichend:

(a) alle Q_j sind gleichgradig stetig auf $\mathfrak{W}$,

(b) $\{Q_j\}$ konvergiert gegen E auf einer in $\mathfrak{W}$ dichten Teilmenge $\mathfrak{I}$.

Beweis:

1. Die Folge $\{Q_j\}$ sei stetig-konvergent gegen E auf $\mathfrak{U}$. Dann gibt es zu beliebigem $\varepsilon > 0$ ein $\delta(\varepsilon,u) > 0$ und $j_o(\varepsilon,u) \in \mathbb{N}$ mit

$$\sigma(Q_jv,Eu) < \varepsilon$$

$$\forall\, v \in \mathfrak{U} \text{ mit } \varrho(v,u) < \delta \text{ und } \forall\, j \text{ mit } j > j_o.$$

Folglich ist

$$\sigma(Q_jv,Q_ju) \leq \sigma(Q_jv,Eu) + \sigma(Q_ju,Eu) < 2\varepsilon$$

$$\forall\, v \in \mathfrak{U} \text{ mit } \varrho(v,u) < \delta \text{ und } \forall\, j \text{ mit } j > j_o.$$

Da es auf die endlich vielen stetigen $Q_1,\dots, Q_{j_o}$ nicht ankommt, sind also alle Q_j gleichgradig stetig, d. h. (a) ist erfüllt. (b) ist trivialerweise erfüllt.

2. Die Bedingungen (a) und (b) seien erfüllt. Dann gibt es zu beliebigem $\varepsilon > 0$ ein $\delta_1(\varepsilon,u) > 0$, ein $\delta_2(\varepsilon,u) > 0$ und ein $j_o(\varepsilon,v) \in \mathbb{N}$ mit den Eigenschaften

1. $\sigma(Ev,Eu) < \varepsilon \;\; \forall\, v \in \mathfrak{U}$ mit $\varrho(v,u) < \delta_1$,
2. $\sigma(Q_jv,Q_ju) < \varepsilon \;\; \forall\, v \in \mathfrak{U}$ mit $\varrho(v,u) < \delta_2$ und $\forall\, j \in \mathbb{N}$,
3. $\sigma(Q_jv,Ev) < \varepsilon \;\; \forall\, v \in \mathfrak{D}$ und $\forall\, j > j_o$.

Da $\mathfrak{D}$ dicht in $\mathfrak{U}$ ist, gibt es ein $\hat{u} \in \mathfrak{D}$ mit $\varrho(\hat{u},u) < \delta_2$. Man setze nun $\min(\delta_1,\delta_2) = \delta(\varepsilon,u)$. Folglich existiert zu beliebigem $\varepsilon > 0$ ein $\delta(\varepsilon,u) > 0$ und $j_1(\varepsilon,u) \in \mathbb{N}$ mit

$$\sigma(Q_jv,Eu) \leq \sigma(Q_jv,Q_ju) + \sigma(Q_ju,Q_j\hat{u}) + \sigma(Q_j\hat{u},E\hat{u}) + \sigma(E\hat{u},Eu) < 4\varepsilon$$

$$\forall\, v \in \mathfrak{U} \text{ mit } \varrho(v,u) < \delta \text{ und } \forall\, j \text{ mit } j > j_o(\varepsilon,\hat{u}) =: j_1(\varepsilon,u).$$

Folglich ist $\{Q_j\}$ stetig-konvergent auf $\mathfrak{U}$.

Anmerkung:

Die Stetigkeit von E wurde nur im 2. Teil des Beweises benutzt.

Bemerkung:

Die Anwendung des Rinowschen Satzes auf Differenzenverfahren besagt zunächst nur, daß im Falle der stetigen Konvergenz alle $Q_j = Q_j(n_j h_j, h_j)$ auf $\mathbb{D}$, bzw. im Falle der L-Konvergenz alle $\tilde{Q}_j = \tilde{Q}_j(n_j h_j, h_j)$ auf $\mathbb{D}_o^k$, gleichgradig stetig sind. Es gilt jedoch darüber hinaus folgender

<u>Satz 3</u>:

Ist das Einschrittverfahren $u_n = Q(nh,h)u_o$ auf $\mathbb{D}$ stetig konvergent, bzw. das Mehrschrittverfahren $\tilde{u}_n = \tilde{Q}(nh,h)\tilde{u}_o$ auf $\mathbb{D}$ L-konvergent, so sind <u>alle</u> $Q(nh,h)$ mit $nh \in [0,T]$ auf $\mathbb{D}$, bzw. <u>alle</u> $\tilde{Q}(nh,h)$ mit $(n+k-1)h \in [0,T]$ auf $\mathbb{D}_o^k$, gleichgradig stetig.

Beweis:

Aufgrund der Stetigkeit der iterierten Differenzenoperatoren existiert zu beliebigem $\varepsilon > 0$ und $\tilde{u} \in \mathbb{D}_o^k$ ein $\delta(\varepsilon,n,h,\tilde{u}) > 0$ mit

$$\|\tilde{Q}(nh,h)\tilde{v}-\tilde{Q}(nh,h)\tilde{u}\| < \varepsilon \quad \forall\, \tilde{v} \in \mathbb{D}_o^k \text{ mit } \|\tilde{v}-\tilde{u}\| < \delta.$$

Man wähle hierbei das größtmögliche $\delta(\varepsilon,n,h,\tilde{u}) > 0$, d. h.

$$\delta(\varepsilon,n,h,\tilde{u}) = \sup\{\|\tilde{v}-\tilde{u}\| : \tilde{v} \in \mathbb{D}_o^k,\ \|\tilde{Q}(nh,h)\tilde{v}-\tilde{Q}(nh,h)\tilde{u}\| < \varepsilon\}.$$

Wären nicht alle $\tilde{Q}(nh,h)$ gleichgradig stetig auf $\mathbb{D}_o^k$, so gäbe es zu mindestens einem $\tilde{u} \in \mathbb{D}_o^k$ Folgen $\{n_j\} \to \infty$ und $\{h_j\} \to 0$ mit $\{(n_j+k-1)h_j\} \subset [0,T]$ und $\lim_{j\to\infty} \delta(\varepsilon,n_j,h_j,\tilde{u}) = 0$. Aufgrund der Kompaktheit des Intervalls $[0,T]$ gäbe es dann eine gegen irgendein $t \in [0,T]$ konvergente Teilfolge $\{n_{j_r} h_{j_r}\}$. Für diese wäre offenbar $\lim_{r\to\infty} \delta(\varepsilon,n_{j_r},h_{j_r},\tilde{u}) = 0$ im Widerspruch zur gleichgradigen Stetigkeit aller $\tilde{Q}_{j_r}$ auf $\mathbb{D}_o^k$.

Bemerkung:

Die gleichgradige Stetigkeit der iterierten Differenzenoperatoren stellt eine numerisch sehr erwünschte Eigenschaft dar. Sie besagt nämlich nicht nur, daß die Lösungen der Differenzengleichung auf einer Schicht t stetig vom Anfangswert (bzw. Anfangsfeld) abhängen, sondern überdies, daß diese Abhängigkeit im wesentlichen schrittweitenunabhängig ist. Verkleinert man also die Schrittweite (etwa zur Minderung des Verfahrensfehlers), so wird der Einfluß einer Anfangsstörung auf die Werte der Schicht t nicht wesentlich verschlechtert.

3.3. Satz von Rinow bei vollständigem Bildraum. Existenz verallgemeinerter Lösungen.

Ist im Satz 2 der Bildraum $\mathfrak{M}$ vollständig, so kann die zweite Richtung des Satzes in folgender Form geschrieben werden:

<u>Satz 4</u>:

Sei $(\mathfrak{N}, \rho)$ ein metrischer und $(\mathfrak{M}, \sigma)$ ein vollständiger metrischer Raum. $\{Q_j\}$ sei Folge stetiger Operatoren von $\mathfrak{N}$ in $\mathfrak{M}$. Sind dann die beiden Bedingungen

(a) alle Q_j sind gleichgradig stetig auf $\mathfrak{N}$,

(b) $\{Q_j\}$ konvergiert auf einer in $\mathfrak{N}$ dichten Teilmenge $\mathfrak{D}$

erfüllt, so konvergiert $\{Q_j\}$ stetig auf $\mathfrak{N}$ gegen einen stetigen Operator E von $\mathfrak{N}$ in $\mathfrak{M}$ (die Existenz von E braucht also nicht vorausgesetzt zu werden).

Beweis:

Zu beliebigem $\varepsilon > 0$ gibt es ein $\delta_o(\varepsilon,u) > 0$ und $j_o(\varepsilon,v) \in \mathbb{N}$ mit

1. $\sigma(Q_j v, Q_j u) < \varepsilon \quad \forall\, v \in \mathfrak{W}$ mit $\rho(v,u) < \delta_o$ und $\forall\, j \in \mathbb{N}$,
2. $\sigma(Q_{j+p} v, Q_j v) < \varepsilon \quad \forall\, v \in \mathfrak{V}$ und $\forall\, j > j_o$.

Da nun $\mathfrak{V}$ dicht in $\mathfrak{W}$ ist, gibt es ein $\hat{u} \in \mathfrak{V}$ mit $\rho(\hat{u},u) < \delta_o$. Folglich existiert zu beliebigem $\varepsilon > 0$ ein $j_1(\varepsilon,u)$ mit

$$\sigma(Q_{j+p}u, Q_j u) \leq \sigma(Q_{j+p}u, Q_{j+p}\hat{u}) + \sigma(Q_{j+p}\hat{u}, Q_j\hat{u}) + \sigma(Q_j\hat{u}, Q_j u) < 3\varepsilon$$

$$\text{für } u \in \mathfrak{W} \text{ und } \forall\, j > j_o(\varepsilon,\hat{u}) = j_1(\varepsilon,u).$$

Damit ist $\{Q_j u\}$ Cauchyfolge in $\mathfrak{M}$ für $u \in \mathfrak{W}$. Also existiert $\lim_{j\to\infty} Q_j u$ für $u \in \mathfrak{W}$ wegen der Vollständigkeit von $\mathfrak{M}$. Setzt man

$$\lim_{j\to\infty} Q_j u = Eu,$$

so existiert zu beliebigem $\varepsilon > 0$ ein $\delta_1(\varepsilon,u) > 0$ und $j_2(\varepsilon,u) \in \mathbb{N}$ mit $\sigma(Q_j v, Ev) < \varepsilon \quad \forall\, v \in \mathfrak{W}$ mit $\rho(v,u) < \delta_1$ und $\forall\, j > j_2$. Mit

$$\delta(\varepsilon,u) := \min\,(\delta_o, \delta_1)$$

folgt dann

$$\sigma(Ev,Eu) \leq \sigma(Ev, Q_j v) + \sigma(Q_j v, Q_j u) + \sigma(Q_j u, Eu) < 3\varepsilon$$

$$\forall\, v \in \mathfrak{W} \text{ mit } \rho(v,u) < \delta \text{ und } \forall\, j > j_2.$$

Da $u \in \mathfrak{W}$ beliebig gewählt war, ist somit E stetig auf $\mathfrak{W}$. Folglich konvergiert $\{Q_j\}$ stetig auf $\mathfrak{W}$ gegen einen stetigen Operator E von $\mathfrak{W}$ in $\mathfrak{M}$ nach Satz 2.

Folgerung:

Ist $\{Q_j\}$ eine Folge stetiger Operatoren des metrischen Raumes $\mathfrak{W}$ in den vollständigen metrischen Raum $\mathfrak{M}$ und sind die Q_j weiter gleichgradig stetig auf $\mathfrak{W}$ und gegen einen Operator E_o konvergent auf einer in $\mathfrak{W}$ dichten Teilmenge $\mathfrak{V}$, so gibt es eine stetige Erweiterung E des Operators E_o von $\mathfrak{V}$ auf $\mathfrak{W}$.

Satz 5 (vergleiche [5]):
Sei $\mathfrak{A}$ Teilmenge des Banachraumes $\mathfrak{B}$. Für jedes $u_o \in \mathfrak{A}$ existiere eine eindeutig bestimmte (von den Anfangselementen stetig abhängige) Lösung $u(t) = E_o(t)u_o$ der AWA

$$u_t = Au, \quad 0 \leq t \leq T$$
$$u(0) = u_o.$$

Das Differenzenverfahren

$$\tilde{u}_n = \tilde{Q}(nh,h)\tilde{u}_o$$
$$n = 1,2,\ldots$$

sei L-konvergent auf einer in $\mathfrak{D} \subset \mathfrak{A}$ dichten Teilmenge $\hat{\mathfrak{D}}$ [1]. Sei weiter $\mathfrak{D}$ echt enthalten und dicht in einer Teilmenge $\mathfrak{U}$ von $\mathfrak{B}$. Sind dann die $\tilde{Q}(nh,h)$ für alle $(n+k-1)h \in [0,T]$ gleichgradig stetig auf $\mathfrak{U}_o^k$, so gibt es verallgemeinerte Lösungen $E(t)u_o$ von $\mathfrak{D}$ auf $\mathfrak{U}$. Diese werden beim Mehrschrittverfahren im Sinne "$\{\tilde{Q}_j\}$ stetig-konvergent gegen $\tilde{E}(t,0)$ auf $\mathfrak{U}_o^k$" erfaßt.

Beweis:
Unter den angegebenen Voraussetzungen ist nach dem eben bewiesenen Satz die Folge $\{\tilde{Q}_j\}$ auf $\mathfrak{U}_o^k$ stetig-konvergent gegen einen stetigen Operator $\tilde{P}(t)$ von $\mathfrak{U}_o^k$ in $\mathfrak{B}^k$. Es ist sogar $\tilde{P}(t)$ ein Operator von $\mathfrak{U}_o^k$ in $\mathfrak{B}_o^k$: Wegen der Eindeutigkeit der Grenzoperatoren ist $\tilde{P}(t) = \tilde{E}_o(t,0)$ auf $\hat{\mathfrak{D}}_o^k$. Wir setzen

---

[1]) Statt der L-Konvergenz des Verfahrens auf $\hat{\mathfrak{D}}$ braucht man sogar nur die Konvergenz der Folge $\{\tilde{Q}_j\}$ auf $\hat{\mathfrak{D}}_o^k$ vorauszusetzen.

$$\tilde{P}(t)\tilde{u}_o^* = \begin{bmatrix} w_1(t) \\ \cdots\cdots \\ w_k(t) \end{bmatrix},$$

woraus

$$\|\tilde{P}(t)\tilde{u}_o^* - \tilde{E}_o(t,0)\tilde{v}_o^*\| = \left\| \begin{bmatrix} w_1(t)-v_o(t) \\ \cdots\cdots\cdots\cdots \\ w_k(t)-v_o(t) \end{bmatrix} \right\| = \sum_{\nu=1}^{k} \|w_\nu(t)-v_o(t)\|$$

resultiert. Man wähle $v_o \in \mathfrak{V}$ hinreichend nahe bei $u_o \in \mathfrak{U}$. Da weiter $\tilde{P}(t)$ auf $\mathfrak{U}_o^k$ stetig ist und auf $\hat{\mathfrak{V}}^k$ mit $\tilde{E}_o(t,0)$ übereinstimmt, kann man nun für ein beliebig vorgegebenes $\varepsilon > 0$ $\|w_\nu(t) - v_o(t)\| < \varepsilon$ für $\nu = 1,\ldots,k$ und damit dann auch $\|w_\nu(t) - w_\mu(t)\| < 2\varepsilon$ für $\nu,\mu = 1,\ldots,k$ erreichen, so daß

$$w_\nu(t) = w_\mu(t) \quad \text{für } \nu,\mu = 1,\ldots,k.$$

Folglich kann $\tilde{P}(t)$ auf $\mathfrak{U}_o^k$ in der Form

$$\tilde{P}(t) = \begin{bmatrix} E(t) & & & \Theta \\ & E(t) & & \\ & & \cdots & \\ \Theta & & & E(t) \end{bmatrix}$$

dargestellt werden, wobei $E(t)$ auf $\mathfrak{U}$ stetig ist und auf $\hat{\mathfrak{V}}$ wegen

$$\tilde{P}(t) = \begin{bmatrix} E_o(t) & & & \Theta \\ & E_o(t) & & \\ & & \cdots\cdots & \\ \Theta & & & E_o(t) \end{bmatrix} \text{ auf } \hat{\mathfrak{V}}_o^k$$

mit $E_o(t)$ übereinstimmt.

Beispiel:

In dem Banachraum

$$\mathfrak{B} := \{u : u \in C^0_{2\pi}(\mathbb{R}),\ \|u\| = \max_{0 \le x \le 2\pi} |u(x)|\}$$

betrachten wir die schon auf S. 5 behandelte halblineare AWA

$$u_t - u_x = 2u^2,\ 0 \le t \le T,$$
$$u(x,0) = u_0(x)$$

mit der in

$$\mathfrak{A} = \{u : u \in \mathfrak{B} \cap C^1(\mathbb{R}),\ \|u\| < \frac{1}{2T}\}$$

eindeutigen Lösung

$$u(x,t) = \frac{u_0(x+t)}{1-2tu_0(x+t)} . \qquad (1)$$

Wir suchen stetige Erweiterungen der Lösungsoperatoren von

$$\mathfrak{D} = \{u : u \in \mathfrak{A},\ \|u\| < \frac{1}{16T}\}$$

auf

$$\mathfrak{U} = \{u : u \in \mathfrak{B},\ \|u\| < \frac{1}{16T}\}$$

Die Menge $\mathfrak{D}$ ist echt enthalten und dicht in der Menge $\mathfrak{U}$.

Zum Nachweis der Existenz verallgemeinerter Lösungen auf $\mathfrak{U}$ verwenden wir die auf ganz $\mathbb{R}$ erklärte Differenzengleichung

$$u_{n+1}(x) = u_n(x) + \lambda(u_n(x+\Delta x) - u_n(x)) + 2hu_n^2(x)$$
$$\text{mit } \lambda = \frac{h}{\Delta x} = \text{const.} \quad ^{1)}$$

Wir wählen $0 < \lambda < 1$. Die Differenzenoperatoren $C(t,h)$ sind durch

$$[C(t,h)u](x) = [C(h)u](x) = u(x) + \lambda(u(x+\Delta x) - u(x)) + 2hu^2(x)$$

definiert und daher in diesem Fall unabhängig von t. Somit gilt

$$Q(nh,h) = C^n(h) .$$

---

[1]) Daß verallgemeinerte Lösungen auf $\mathfrak{U}$ existieren, ist im vorliegenden exemplarischen Fall auch direkt ersichtlich, da (1) auch für $u_0 \in \mathfrak{U}$ definiert ist.

1. Die iterierten Differenzenoperatoren $Q(nh,h)$ sind gleichgradig stetig auf $\mathfrak{U}$ für alle $nh \in [0,T]$;

Zum Beweis setze man

$$C(h) = C_L(h) + 2hG \tag{2}$$

$$\text{mit } [C_L(h)u](x) = u(x) + \lambda(u(x+\Delta x)-u(x)),$$

$$[Gu](x) = u^2(x).$$

Es folgt dann $\|C_L(h)u\| \leq (1-\lambda)\|u\| + \lambda\|u\| \;\forall\, u \in \mathfrak{U}$ und daher $\|C_L(h)\| \leq 1$. Es ist sogar $\|C_L(h)\| = 1$, wie man sofort für die Funktion $u(x) = \text{const}$ erkennt. Mithin gilt

$$\|C_L^n(h)\| \leq \|C_L(h)\|^n = 1. \tag{3}$$

Durch vollständige Induktion zeigt man nun unmittelbar

$$C^n(h) = C_L^n(h) + 2h\sum_{\mu=0}^{n-1} C_L^{n-1-\mu}(h)GC^{\mu}(h) \tag{4}$$

$$n = 1,2,\ldots\ .$$

Diese Aussage liefert in Verbindung mit (3)

$$\|C^n(h)u - C^n(h)v\| \leq$$

$$\leq \|C_L^n(h)u-C_L^n(h)v\| + 2h\sum_{\mu=0}^{n-1}\|C_L^{n-1-\mu}(h)\|\,\|GC^{\mu}(h)u-GC^{\mu}(h)v\| \leq$$

$$\leq \|C_L^n(h)\|\,\|u-v\| + 2h\sum_{\mu=0}^{n-1}\|C_L^{n-1-\mu}(h)\|\,\|C^{2\mu}(h)u-C^{2\mu}(h)v\| \leq$$

$$\leq \|u-v\| + 2h\sum_{\mu=0}^{n-1}\|C^{\mu}(h)u+C^{\mu}(h)v\|\,\|C^{\mu}(h)u-C^{\mu}(h)v\|.$$

Weiterhin gilt

$$\|C^n(h)u\| < \frac{1}{8T} \quad \forall\, u \in \mathfrak{U} \text{ und } \forall\, nh \in [0,T], \tag{5}$$

wie man unter Verwendung von (3) und (4) durch vollständige Induktion schließt. Folglich ist

$$\|C^n(h)u-C^n(h)v\| \leq \|u-v\| + \frac{h}{2T}\sum_{\mu=0}^{n-1}\|C^{\mu}(h)u-C^{\mu}(h)v\|.$$

Wiederum durch vollständige Induktion erhält man daraus

$$\|C^n(h)u-C^n(h)v\| \leq 2\|u-v\| \quad \forall\, u,v \in \mathfrak{U}$$

$$n = 1,2,\ldots\ .$$

Damit ist die Bedingung (a) des Rinowschen Satzes erfüllt.

2. Die iterierten Differenzenoperatoren $Q(nh,h)$ konvergieren gegen E_o auf $\hat{\mathfrak{F}} := \mathfrak{F} \cap C^2$.

Beweis:

Durch Taylorentwicklung erhält man unter Berücksichtigung der DGL für den lokalen Fehler des Verfahrens die Beziehung

$$\| C(h)u(t) - u(t+h) \| = O(h^2). \qquad (6)$$

Das Verfahren ist demnach auf $\hat{\mathfrak{F}}$ konsistent. Setzt man

$$v_{n-m}(x,t) = u_{n-m}(x) - u(x,t-mh)$$

$$\text{für } mh \leq t \quad \text{und} \quad m = 0,\ldots,n-1,$$

so ergibt sich unter Verwendung von (6) die Beziehung

$$v_n(x,t) = (1-\lambda)v_{n-1}(x,t) + \lambda v_{n-1}(x+\Delta x,t) + + 2h\cdot v_{n-1}(x,t)(u(x,t-h)+u_{n-1}(x)) + O(h^2)$$

für $u_o \in \hat{\mathfrak{F}}$. Mit (5) erhält man daraus

$$\| v_n \| \leq \| v_{n-1} \| + 2h \| v_{n-1} \| (M+\frac{1}{8T}) + O(h^2)$$

$$\text{mit} \quad M = \max_{0 \leq t \leq T} \max_{0 \leq x \leq 2\pi} |u(x,t)| .$$

Man kann eine Konstante K mit den Eigenschaften

$$2M + \frac{1}{4T} \leq K, \quad O(h^2) \leq Kh^2$$

bestimmen, so daß

$\| v_n \| \leq (1+hK) \| v_{n-1} \| + Kh^2$ und durch wiederholte Anwendung

$\| v_n \| \leq (1+hK)^n \| v_o \| + ((1+hK)^n - 1)h \leq (1+\frac{KT}{n})^n \| v_o \| + ((1+\frac{KT}{n})^n - 1)h,$

d. h. $\| v_n \| \leq e^{KT} \| v_o \| + (e^{KT}-1)h$, folgt.

Für jede Folge $\{n_j\} \to \infty$ und jede Folge $\{h_j\} \to 0$ mit der Eigenschaft $\{n_j h_j\} \subset [0,T]$ und $\{n_j h_j\} \to t \in [0,T]$ gilt somit

$$\lim_{j\to\infty} \| v_{n_j}(x,t) \| = 0.$$

Damit ist die Bedingung (b) des Rinowschen Satzes erfüllt.

Aus 1. und 2. folgt dann die Existenz verallgemeinerter Lösungen auf $\mathfrak{U}$ gemäß Satz 5.

Bemerkung:

Gibt es zu der gegebenen AWA keine verallgemeinerten Lösungen auf $\mathfrak{U}$, so kann der Satz jedoch unter Umständen dazu benutzt werden, eine aus beweistechnischen Gründen auf $\hat{\mathfrak{F}}$ eingeschränkte Konvergenzaussage auf $\mathfrak{F}$ auszudehnen. Man ersetze hierzu im Satz $\mathfrak{U}$ durch $\mathfrak{F}$.

Bemerkung:

Man kann die Aussage des Satzes auch so interpretieren: Besitzt die gegebene AWA keine verallgemeinerten Lösungen auf $\mathfrak{U}$, so gibt es zumindest bei vollständigem Raum kein L-konvergentes approximierendes Differenzenverfahren mit der wünschenswerten Eigenschaft, auf $\mathfrak{U}_o^k$ gleichgradig stetige iterierte Differenzenoperatoren zu besitzen. Die gleichgradige Stetigkeit kann dann bestenfalls auf $\mathfrak{F}_o^k$ (eventuell auch noch auf $\mathfrak{F}^k$) erreicht werden.
Zusammen mit gewissen, später zu präzisierenden, strukturreduzierenden Eigenschaften von approximierenden Differenzenverfahren bei quasilinearen Aufgaben (vergleiche S.109), bei denen über die Existenz verallgemeinerter Lösungen nur wenig bekannt ist, wird diese Interpretation des Satzes dazu zwingen, sich mit Verfahren zu begnügen, die eine in gewissem Sinne abgeschwächte Konvergenz aufweisen. Bei linearen Aufgaben entfällt wegen der schon auf S. 12 nachgewiesenen Existenz verallgemeinerter Lösungen dieses Problem, zumindest bei vollständigem Raum.

§ 4 THEORIE LINEARER ANFANGSWERTAUFGABEN
(Lax-Richtmyer-Theorie)

4.1. L-Stabilität

<u>Satz 1:</u>

Seien $\mathfrak{M}$ und $\mathfrak{N}$ normierte Räume über $\mathbb{R}$ und $\{C_j\}_{j \in J}$ eine Menge linearer Operatoren von $\mathfrak{M}$ in $\mathfrak{N}$. Es gilt dann: Alle C_j gleichgradig stetig $\Leftrightarrow$ alle C_j gleichmäßig beschränkt.

Beweis:

1. Alle C_j gleichmäßig beschränkt $\Rightarrow$ es gibt ein positives c mit $\|C_j\| \leq c \quad \forall\, j \in J \Rightarrow \|C_j u - C_j v\| \leq \|C_j\| \|u-v\| \leq c\|u-v\|$ $\forall\, j \in J \Rightarrow$ alle C_j gleichgradig stetig.

2. Angenommen, die Operatoren C_j wären nicht gleichmäßig beschränkt; dann gäbe es eine Folge $\{j_\nu\} \subset J$ und eine Folge $\{u_\nu\} \subset \mathfrak{M}$ mit $\|u_\nu\| = 1$ derart, daß
$$\|C_{j_\nu} u_\nu\| \to \infty. \tag{1}$$
Man könnte dann eine Folge $\{v_\nu\} \subset \mathfrak{M}$ definieren vermöge
$$v_\nu := \frac{u_\nu}{\|C_{j_\nu} u_\nu\|^{\frac{1}{2}}},$$
so daß $\|v_\nu\| \to 0$ und damit wegen der gleichgradigen Stetigkeit aller C_j auch $\|C_{j_\nu} v_\nu\| \to 0$ gilt. Im Widerspruch hierzu erhielte man aus der Bedingung (1) aber

$$\| C_{j_\nu} v_\nu \| = \left\| C_{j_\nu} \frac{u_\nu}{\| C_{j_\nu} u_\nu \|^{\frac{1}{2}}} \right\| = \frac{\| C_{j_\nu} u_\nu \|}{\| C_{j_\nu} u_\nu \|^{\frac{1}{2}}} = \| C_{j_\nu} u_\nu \|^{\frac{1}{2}} \to \infty \, .$$

Also sind alle C_j gleichmäßig beschränkt.

Definition:

Sei $\mathfrak{W}$ Teilmenge eines normierten Raumes $\mathfrak{M}$. Sei weiter

$$\tilde{u}_n = \prod_{\nu=0}^{n-1} \tilde{C}(t_\nu, h)\tilde{u}_o = \tilde{Q}(nh,h)\tilde{u}_o$$

ein lineares Verfahren auf $\mathfrak{W}$, d. h. ein Verfahren mit linearen Operatoren $\tilde{C}(t,h)$ auf $\mathfrak{W}^k$. Existiert dann ein $c > 0$ mit

$$\| \tilde{Q}(nh,h) \| \leq c \quad \forall \; (n+k-1)h \in [0,T] \, ,$$

so heißt das Differenzenverfahren "auf $\mathfrak{W}$ L-stabil".

Bemerkung:

Beim linearen Mehrschrittverfahren ist für die L-Konvergenz auf $\mathfrak{W}$ die gleichgradige Stetigkeit (gleichmäßige Beschränktheit) auf $\mathfrak{W}_o^k$ notwendig (S.48). Für die L-Stabilität auf $\mathfrak{W}$ wird darüber hinaus die gleichgradige Stetigkeit auf $\mathfrak{W}^k$ verlangt. Wie wir jedoch sehen werden, ist für die L-Konvergenz auf $\mathfrak{W}$ nicht nur die gleichgradige Stetigkeit auf $\mathfrak{W}_o^k$, sondern sogar auf $\mathfrak{W}^k$ notwendig und, wie wir weiter sehen werden, bei erfüllter Konsistenzbedingung auch hinreichend.

Beim linearen Einschrittverfahren fallen jedoch die beiden Begriffe "gleichgradige Stetigkeit" und "L-Stabilität" zusammen [1]).

---

[1]) Für andere Stabilitätsdefinitionen vergleiche man beispielsweise [18], [24], [34], [4o].

4.2. Prinzip der gleichmäßigen Beschränktheit

<u>Satz 2</u>(Banach):

Sei $\mathfrak{B}$ ein Banachraum, $\mathfrak{N}$ ein normierter Raum und $\{C_j\}_{j \in J}$ eine Menge stetiger linearer Operatoren von $\mathfrak{B}$ in $\mathfrak{N}$. Gibt es dann ein auf $\mathfrak{B}$ definiertes Funktional $\kappa_1(u)$ mit

$$\|C_j u\| < \kappa_1(u) \quad \forall\, j \in J \text{ und } \forall\, u \in \mathfrak{B},$$

so sind alle C_j gleichmäßig beschränkt.

Beweis:

Setze $\mathfrak{B}_p := \{u : u \in \mathfrak{B},\ \|C_j u\| \leq p\|u\| \quad \forall\, j \in J\}$ $(p = 1,2,\ldots)$.
Kann man $\mathfrak{B}_p = \mathfrak{B}$ für ein $p \in \mathbb{N}$ zeigen, so ist alles bewiesen.

1. $\mathfrak{B}_p \neq \emptyset \quad \forall\, p \in \mathbb{N}$.

   Beweis: Es ist beispielsweise $0 \in \mathfrak{B}_p \quad \forall\, p \in \mathbb{N}$.

2. $\mathfrak{B} \subset \bigcup_{p \in \mathbb{N}} \mathfrak{B}_p$.

   Beweis: Ist $u \in \mathfrak{B}$ $(u \neq 0)$, so ist $u \in \mathfrak{B}_p \quad \forall\, p \geq \dfrac{\kappa_1(u)}{\|u\|}$.

3. $\mathfrak{B}_p$ ist vollständig für alle $p \in \mathbb{N}$.

   Beweis: Sei $\{u_\nu\}$ eine beliebige Cauchyfolge aus $\mathfrak{B}_p$. Aufgrund der Vollständigkeit von $\mathfrak{B}$ hat diese einen Limes in $\mathfrak{B}$.
   Sei
   $$\lim_{\nu \to \infty} u_\nu = u.$$
   Zu beliebigem $\varepsilon > 0$ existiert dann ein $\nu_0 \in \mathbb{N}$ mit
   $$\|C_j u\| \leq \|C_j(u-u_\nu)\| + \|C_j u_\nu\| \leq \|C_j\|\cdot\|u-u_\nu\| + p\|u_\nu\| \leq$$
   $$\leq \|C_j\|\cdot\|u-u_\nu\| + p\|u-u_\nu\| + p\|u\| \leq (\|C_j\|+p)\varepsilon + p\|u\| \quad \forall\, \nu > \nu_0 \Rightarrow$$
   $\|C_j u\| \leq p\|u\|$. Dies gilt $\forall\, j \in J$, so daß $u \in \mathfrak{B}_p$.

4. In mindestens einem $\mathfrak{B}_p$ ist eine abgeschlossene Kugel mit positivem Radius enthalten.

Beweis: Angenommen, dies wäre nicht der Fall. Man betrachte dann für ein beliebig festes $u_1 \in \mathfrak{B}$ die Kugel

$$\mathfrak{K}_1 = \{u : u \in \mathfrak{B}, \|u-u_1\| \leq d_1\},$$
$$d_1 = 1.$$

Nach Annahme ist $\mathfrak{K}_1 \not\subset \mathfrak{B}_1$. Somit existiert ein $u_2 \in \mathfrak{K}_1$ mit $u_2 \notin \mathfrak{B}_1$. Dabei kann $u_2 \in \mathring{\mathfrak{K}}_1$ gewählt werden, da es anderenfalls eine gegen u_2 konvergente Folge $\{u_{2_\nu}\} \subset \mathfrak{B}_1$ gäbe, so daß $u_1 \in \mathfrak{B}_1$ nach 3. wäre. Also existiert ein $u_2 \in \mathring{\mathfrak{K}}_1 \cap \complement \mathfrak{B}_1$. Da nun $\mathring{\mathfrak{K}}_1 \cap \complement \mathfrak{B}_1$ offen ist, gibt es ein $r_1 > 0$ derart, daß $\{u : u \in \mathfrak{B}, \|u-u_2\| < r_1\} \subset \mathring{\mathfrak{K}}_1 \cap \complement \mathfrak{B}_1$. Man betrachte die Kugel

$$\mathfrak{K}_2 = \{u : u \in \mathfrak{B}, \|u-u_2\| \leq d_2\},$$
$$d_2 = \frac{1}{2}\min(d_1, r_1).$$

Nach Konstruktion ist $\mathfrak{K}_2 \cap \mathfrak{B}_1 = \emptyset$. Nach Annahme ist $\mathfrak{K}_2 \not\subset \mathfrak{B}_2$. Folglich existiert wie vorher ein $u_3 \in \mathring{\mathfrak{K}}_2 \cap \complement \mathfrak{B}_2$ und daher ein $r_2 > 0$ derart, daß $\{u : u \in \mathfrak{B}, \|u-u_3\| < r_2\} \subset \mathring{\mathfrak{K}}_2 \cap \complement \mathfrak{B}_2$. Man betrachte die Kugel

$$\mathfrak{K}_3 = \{u : u \in \mathfrak{B}, \|u-u_3\| \leq d_3\},$$
$$d_3 = \frac{1}{2}\min(d_2, r_2).$$

Nach Konstruktion ist $\mathfrak{K}_3 \cap \mathfrak{B}_2 = \emptyset$. Nach Annahme ist $\mathfrak{K}_3 \not\subset \mathfrak{B}_3$.

....

So fortfahrend erhält man als Mittelpunkte eine Cauchyfolge $\{u_\nu\}$ mit $u_\nu \in \mathfrak{K}_\mu \ \forall \ \nu \geq \mu$. Da alle $\mathfrak{K}_\nu$ abgeschlossen sind, existiert

$$\lim_{\nu \to \infty} u_\nu =: u \in \mathfrak{K}_\mu \ (\mu = 1,2,\ldots).$$

Wäre nun $u \in \mathfrak{B}_p$ für ein $p \in \mathbb{N}$, so wäre $\mathfrak{K}_{p+1} \cap \mathfrak{B}_p \neq \emptyset$ entgegen der Konstruktion von $\mathfrak{K}_{p+1}$. Also ist $u \notin \bigcup_{p \in \mathbb{N}} \mathfrak{B}_p$. Das ist aber ein Widerspruch zu 2.

5. Alle C_j sind gleichmäßig beschränkt.

   Beweis: Nach 4. ist in einem $\mathfrak{B}_p$ eine abgeschlossene Kugel $\mathfrak{K}$ mit positivem Radius enthalten. Sei

$$\mathfrak{K} = \{u : u \in \mathfrak{B}, \|u-u_p\| \leq r\}.$$

   Für ein beliebig festes Element $v \neq 0$ aus $\mathfrak{B}$ liegt $u = u_p + \frac{r}{\|v\|} v$ auf dem Rand von $\mathfrak{K}$. Offenbar ist

$$\|C_j v\| = \|C_j(\tfrac{\|v\|}{r}(u-u_p))\| \leq \tfrac{\|v\|}{r}(\|C_j u\| + \|C_j u_p\|) \leq p\tfrac{\|v\|}{r}(\|u\| + \|u_p\|)$$

$$\leq p\tfrac{\|v\|}{r}(\|u-u_p\| + 2\|u_p\|) \leq p(1+\tfrac{2}{r}\|u_p\|)\|v\| =: c\|v\|.$$

   Dies gilt $\forall\, j \in J$ und $\forall\, v \in \mathfrak{B}$ (trivialerweise auch für $v = 0$) d. h. $\|C_j\| \leq c \;\; \forall\, j \in J$.

Satz 3 (Banach und Steinhaus):

Sei $\mathfrak{B}$ ein Banachraum, $\mathfrak{N}$ ein normierter Raum, E ein stetiger Operator von $\mathfrak{B}$ in $\mathfrak{N}$ und $\{Q_j\}$ eine Folge stetiger linearer Operatoren von $\mathfrak{B}$ in $\mathfrak{N}$. Dann ist für die Konvergenz der Folge $\{Q_j\}$ gegen E auf $\mathfrak{B}$ das Erfülltsein der beiden folgenden Bedingungen notwendig und hinreichend:

(a) alle Q_j sind gleichmäßig beschränkt auf $\mathfrak{B}$,

(b) $\{Q_j\}$ konvergiert gegen E auf einer in $\mathfrak{B}$ dichten Teilmenge $\mathfrak{D}$.

Beweis:

1. Die Folge $\{Q_j\}$ sei konvergent gegen E auf $\mathfrak{B}$.

   Dann existiert ein auf $\mathfrak{B}$ definiertes Funktional $\kappa_1(u)$ mit

$$\|Q_j u\| < \kappa_1(u) \quad \forall\, j \in J \text{ und } \forall\, u \in \mathfrak{B}.$$

   Gäbe es nämlich kein solches Funktional, so wäre für mindestens ein $u \in \mathfrak{B}$ die Folge $\{Q_j u\}$ nicht konvergent im Widerspruch zur Voraussetzung. Folglich sind nach Satz 2

alle Q_j gleichmäßig beschränkt. Also ist (a) erfüllt.
(b) ist trivialerweise erfüllt.

2. Die Bedingungen (a) und (b) seien erfüllt.
Dann ist nach dem Satz von Rinow (S.46) die Folge $\{Q_j\}$ stetig-konvergent und damit insbesondere konvergent gegen E auf $\mathfrak{B}$.

Folgerung:
$\{Q_j\}$ konvergent gegen E auf $\mathfrak{B} \Leftrightarrow \{Q_j\}$ stetig-konvergent gegen E auf $\mathfrak{B}$.

4.3. Äquivalenzsatz von Lax.

Satz 4 (vergleiche [31], S.45 ff. und S.171 ff.):
Sei $\mathfrak{A}$ dichte Teilmenge des Banachraumes $\mathfrak{B}$. Für jedes $u_0 \in \mathfrak{A}$ existiere eine eindeutig bestimmte (von den Anfangselementen stetig abhängige) Lösung $u(t) = E_0(t)u_0$ der AWA

$$u_t = Au, \quad 0 \leq t \leq T,$$
$$u(0) = u_0$$

mit einem (von t unabhängigen) linearen Operator A.
Das approximierende Differenzenverfahren

$$\tilde{u}_n = \tilde{Q}(nh,h)\tilde{u}_0 = \tilde{C}^n(h)\tilde{u}_0$$

mit einem für jedes feste $h \in [0,h_0]$ bei geeignetem $h_0 > 0$ auf $\mathfrak{B}^k$ stetigen linearen Operator $\tilde{C}(h)$ sei mit der gegebenen AWA auf einer in $\mathfrak{A}$ dichten Teilmenge $\mathfrak{D}$ konsistent. Dann gilt:

L-Stabilität auf $\mathfrak{B} \Leftrightarrow$ L-Konvergenz auf $\mathfrak{B}$.

Beweis:

1. Das Verfahren sei auf $\mathfrak{F}$ L-konvergent.

Es gibt dann ein auf $\mathfrak{F}_o^k$ definiertes Funktional $\kappa(\tilde{u}_o^*)$ mit

$$\|\tilde{C}^n(h)\tilde{u}_o^*\| \leq \kappa(\tilde{u}_o^*)$$

$\forall\, \tilde{u}_o^* \in \mathfrak{F}_o^k$, $\forall\, n \in \mathbb{N}$ und $\forall\, h \geq 0$ mit $(n+k-1)h \in [0,T]$ nach S. 45. Im linearen Fall nun kann dieses Funktional auf ganz $\mathfrak{F}^k$ ausgedehnt werden. Es gibt also ein auf $\mathfrak{F}^k$ definiertes Funktional $\kappa(\tilde{u})$ mit der Eigenschaft

$$\|\tilde{C}^n(h)\tilde{u}\| \leq \kappa(\tilde{u})$$

$\forall\, \tilde{u} \in \mathfrak{F}^k$, $\forall\, n \in \mathbb{N}$ und $\forall\, h \geq 0$ mit $(n+k-1)h \in [0,T]$:

Angenommen, es gibt kein solches Funktional. Dann existiert zu mindestens einem $\tilde{u} \in \mathfrak{F}^k$ eine Folge $\{n_j\} \to \infty$ und eine Folge $\{h_j\} \to 0$ mit $\{(n_j+k-1)h_j\} \subset [0,T]$ und

$$\lim_{j\to\infty} \tilde{C}^{n_j}(h_j)\tilde{u} = \infty . \tag{2}$$

Aufgrund der Kompaktheit von $[0,T]$ existiert dann eine gegen irgendein $t \in [0,T]$ konvergente Teilfolge $\{n_{j_r} h_{j_r}\}$, wobei man ohne Einschränkung $\{h_{j_r}\}$ antiton annehmen kann. Durch

$$\tilde{v}_{j_r} := \frac{\tilde{u}}{\|\tilde{C}^{n_{j_r}}(h_{j_r})\tilde{u}\|^{\frac{1}{2}}}$$

erhält man eine Nullfolge $\{\tilde{v}_{j_r}\} \subset \mathfrak{F}^k$. Nach (2) gilt dann

$$\lim_{r\to\infty} \|\tilde{C}^{n_{j_r}}(h_{j_r})\tilde{v}_{j_r}\| = \lim_{r\to\infty} \|\tilde{C}^{n_{j_r}}(h_{j_r})\tilde{u}\|^{\frac{1}{2}} = \infty . \tag{3}$$

Das durch

$$v(h) = \begin{cases} \tilde{u}_o^* & \text{für } u_o \neq 0, \text{ für } h \geq 0 \\ \tilde{v}_{j_r} & \text{für } u_o = 0, \text{ für } h_{j_{r+1}} < h \leq h_{j_r} \quad (r = 1,2,\ldots) \end{cases}$$

definierte Verfahren α ist offenbar auf $\mathfrak{F}$ zulässig. Mithin ergibt sich $\lim_{r\to\infty} \tilde{C}^{n_{j_r}}(h_{j_r})\tilde{v}_{j_r} = \tilde{E}(t,0)\tilde{0} = \tilde{0}$ im Widerspruch zu (3). Also existiert in der Tat ein solches Funktional und alle $\tilde{C}^n(h)$ sind gleichmäßig beschränkt auf $\mathfrak{B}^k$ nach dem Prinzip der gleichmäßigen Beschränktheit:

$$\|\tilde{C}^n(h)\| \le c \quad \forall\ (n+k-1)h \in [0,T]$$

mit geeignetem $c > 0$. Das Verfahren ist somit L-stabil auf $\mathfrak{B}$.

Anmerkung:
In diesem Teil des Beweises wurde die Konsistenz nicht benutzt. Die L-Konvergenz wurde nur in einer Umgebung von $\tilde{O}$ in $\mathfrak{B}^k$ benötigt.

2. Das Verfahren sei auf $\mathfrak{B}$ L-stabil.
Sei $u_o \in \mathfrak{V}$ beliebig fest. Ferner sei bei beliebig festem $t \in [0,T]$ $\{n_j\}$ eine Folge natürlicher Zahlen mit $\{n_j\} \to \infty$ und $\{h_j\}$ eine Schrittweitennullfolge mit der Eigenschaft $\{(n_j+k-1)h_j\} \subset [0,T]$ und $\{n_jh_j\} \to t$. Es ist dann

$$\|\tilde{C}^{n_j}(h_j)\tilde{u}_o^*-\tilde{E}_o(t,0)\tilde{u}_o^*\| = \|\tilde{C}^{n_j}(h_j)\tilde{u}_o^*-\tilde{u}(t)\| \le$$
$$\le \|\tilde{C}^{n_j}(h_j)\tilde{u}_o^*-\tilde{C}^{n_j-1}(h_j)\tilde{u}(h_j)\| + \|\tilde{C}^{n_j-1}(h_j)\tilde{u}(h_j)-\tilde{u}(t)\| \le$$
$$\le \|\tilde{C}^{n_j-1}\|\|\tilde{C}(h_j)\tilde{u}_o^*-\tilde{u}(h_j)\| + \|\tilde{C}^{n_j-1}(h_j)\tilde{u}(h_j)-\tilde{u}(t)\| \le$$
$$\le c\,\varepsilon(h_j,u_o) + \|\tilde{C}^{n_j-1}(h_j)\tilde{u}(h_j)-\tilde{u}(t)\|$$

(wegen Konsistenz und L-Stabilität auf $\mathfrak{V}$).
Zerlegung des zweiten Terms wie beim ersten Schritt ergibt

$$\|\tilde{C}^{n_j}(h_j)\tilde{u}_o^*-\tilde{E}_o(t,0)\tilde{u}_o^*\| \le$$
$$\le c\varepsilon+\|\tilde{C}^{n_j-1}(h_j)\tilde{u}(h_j)-\tilde{C}^{n_j-2}(h_j)\tilde{u}(2h_j)\|+\|\tilde{C}^{n_j-2}(h_j)\tilde{u}(2h_j)-\tilde{u}(t)\|$$
$$\le c\varepsilon+\|\tilde{C}^{n_j-2}(h_j)\|\|\tilde{C}(h_j)\tilde{u}(h_j)-\tilde{u}(2h_j)\| + \|\tilde{C}^{n_j-2}(h_j)\tilde{u}(2h_j)-\tilde{u}(t)\|$$
$$\le 2c\,\varepsilon(h_j,u_o) + \|\tilde{C}^{n_j-2}(h_j)\tilde{u}(2h_j)-\tilde{u}(t)\|$$

....

$$\le n_jc\,\varepsilon(h_j,u_o) + \|\tilde{u}(n_jh_j)-\tilde{u}(t)\|.$$

Da nun $n_j \cdot \varepsilon(h_j, u_o) = n_j \cdot o(h_j) = n_j h_j \cdot o(1) \leq T \cdot o(1)$ folgt
$\|\tilde{C}^{n_j}(h_j)\tilde{u}_o^* - \tilde{E}_o(t,0)\tilde{u}_o^*\| \leq c \cdot T \cdot o(1) + \|\tilde{u}(n_j h_j) - \tilde{u}(t)\|$, d. h.

$$\lim_{j\to\infty} \|\tilde{C}^{n_j}(h_j)\tilde{u}_o^* - \tilde{E}_o(t,0)\tilde{u}_o^*\| = 0 \quad \forall\, \tilde{u}_o^* \in \mathfrak{D}_o^k.$$

Damit sind die beiden folgenden Bedingungen erfüllt:

(b) $\{C^{n_j}(h_j)\}$ konvergiert gegen $\tilde{E}_o(t,0)$ auf einer in $\mathfrak{B}_o^k$ dichten Teilmenge $\mathfrak{D}_o^k$.

(a) alle $\tilde{C}^{n_j}(h_j)$ sind gleichmäßig beschränkt auf $\mathfrak{B}^k$ und damit insbesondere auch auf $\mathfrak{B}_o^k$.

Letzteres ergibt sich unmittelbar aus der vorausgesetzten L-Stabilität des Verfahrens. Da nun $\{\tilde{C}^{n_j}(h_j)\}$ eine Folge stetiger linearer Operatoren auf $\mathfrak{B}^k$ ist, folgt

$$\lim_{j\to\infty} \tilde{C}^{n_j}(h_j)\tilde{u}_o^* = \tilde{E}(t,0)\tilde{u}_o^* \quad \forall\, \tilde{u}_o^* \in \mathfrak{B}_o^k \text{ [1]} \qquad (4)$$

aus (a), (b) nach dem Satz von Banach und Steinhaus.

Sei nun α ein beliebiges auf $\mathfrak{B}$ zulässiges Verfahren. Dann ordnet α jedem $u_o \in \mathfrak{B}$ ein $\tilde{u}_o(h) \in \mathfrak{B}^k$ zu mit

$$\lim_{h\to 0} \tilde{u}_o(h) = \tilde{u}_o^* \in \mathfrak{B}_o^k. \qquad (5)$$

Folglich gilt

$$\|\tilde{C}^{n_j}(h_j)\tilde{u}_o(h_j) - \tilde{E}(t,0)\tilde{u}_o^*\| \leq$$
$$\leq \|\tilde{C}^{n_j}(h_j)\tilde{u}_o(h_j) - \tilde{C}^{n_j}(h_j)\tilde{u}_o^*\| + \|\tilde{C}^{n_j}(h_j)\tilde{u}_o^* - \tilde{E}(t,0)\tilde{u}_o^*\| \leq$$
$$\leq \|\tilde{C}^{n_j}(h_j)\|\cdot\|\tilde{u}_o(h_j) - \tilde{u}_o^*\| + \|\tilde{C}^{n_j}(h_j)\tilde{u}_o^* - \tilde{E}(t,0)\tilde{u}_o^*\| \leq$$
$$\leq c\,\|\tilde{u}_o(h_j) - \tilde{u}_o^*\| + \|\tilde{C}^{n_j}(h_j)\tilde{u}_o^* - \tilde{E}(t,0)\tilde{u}_o^*\|$$

und daher gemäß (5) und (4)

$$\lim_{j\to\infty} \|\tilde{C}^{n_j}(h_j)\tilde{u}_o(h_j) - \tilde{E}(t,0)\tilde{u}_o^*\| =$$
$$\lim_{j\to\infty} \|\tilde{C}^{n_j}(h_j)\tilde{u}_o^* - \tilde{E}(t,0)\tilde{u}_o^*\| = 0, \text{ d. h.}$$

$$\lim_{j\to\infty} \tilde{C}^{n_j}(h_j)\tilde{u}_o(h_j) = \tilde{E}(t,0)\tilde{u}_o^* \quad \forall\, u_o \in \mathfrak{B}.$$

---

[1]) Mit $\mathfrak{B}$ sind auch $\mathfrak{B}_o^k$ und $\mathfrak{B}^k$ vollständig.

Dieses Ergebnis ist richtig bei beliebigem $t \in [0,T]$ für jede Folge $\{n_j\} \to \infty$ und $\{h_j\} \to 0$ mit $\{(n_j+k-1)h_j\} \subset [0,T]$ und $\{n_j h_j\} \to t$ sowie für jedes auf $\mathfrak{B}$ zulässige Verfahren $\mathfrak{a}$. Also ist das Verfahren auf $\mathfrak{B}$ L-konvergent.

Folgerung:

Für das Einschrittverfahren gilt:

L-Konvergenz auf $\mathfrak{D}$ $\Rightarrow$ stetige Konvergenz auf $\mathfrak{D}$ $\Rightarrow$ alle $C^n(h)$ gleichgradig stetig auf $\mathfrak{D}$ (S.48). $C(h)$ linear auf $\mathfrak{B}$ nach Voraussetzung $\Rightarrow$ alle $C^n(h)$ gleichmäßig beschränkt auf $\mathfrak{D}$ (S.57). $C(h)$ stetig auf $\mathfrak{B}$ nach Voraussetzung $\Rightarrow$ die Operatoren $C^n(h)$ auf $\mathfrak{B}$ als stetige Erweiterungen ihrer Restriktionen auf $\mathfrak{D}$ auffaßbar $\Rightarrow$ $\|C^n(h)\|_{\mathfrak{B}} = \|C^n(h)\|_{\mathfrak{D}}$ (S.12) $\Rightarrow$ $C^n(h)$ gleichmäßig beschränkt auf $\mathfrak{B}$ $\Rightarrow$ L-Stabilität auf $\mathfrak{B}$ (S.58) $\Rightarrow$ L-Konvergenz auf $\mathfrak{B}$ (S.62) $\Rightarrow$ stetige Konvergenz auf $\mathfrak{B}$.

Also: stetige Konvergenz auf $\mathfrak{D}$ $\Rightarrow$ stetige Konvergenz auf $\mathfrak{B}$.

Konvergenz auf $\mathfrak{B}$ $\Rightarrow$ $\{C^n(h)\}$ konvergent auf $\mathfrak{B}$ (S.36). $C(h)$ stetig und linear auf $\mathfrak{B}$ nach Voraussetzung $\Rightarrow$ $\{C^n(h)\}$ stetig-konvergent auf $\mathfrak{B}$ (S.62) $\Rightarrow$ stetige Konvergenz auf $\mathfrak{B}$ (S.39).

Also: Konvergenz auf $\mathfrak{B}$ $\Rightarrow$ stetige Konvergenz auf $\mathfrak{B}$.

Für das Einschrittverfahren gilt also:

Konvergenz auf $\mathfrak{B}$ $\Leftrightarrow$ stetige Konvergenz auf $\mathfrak{D}$.

Bemerkung:

Haben die Lösungsoperatoren $E_0(t)$ die Halbgruppeneigenschaft, so läßt sich der zweite Teil des Äquivalenzsatzes kürzer beweisen (vergleiche [31], S.46). Der hier angegebene Beweis macht von der Halbgruppeneigenschaft keinen Gebrauch und wird sich daher später auf andere Fälle übertragen lassen.

4.4. Beispiele.

1. In dem Banachraum $\mathfrak{B} = \mathbb{R}$ betrachten wir die AWA von S. 40

$$y' = 0, \; 0 \leq t \leq T,$$
$$y(0) = y_o.$$

Die Lösung lautet bekanntlich $y(t) \equiv y_o$. Zur Approximation der AWA benutzen wir wieder das Differenzenverfahren

$$y_{n+2} = -4y_{n+1} + 5y_n.$$

Das Verfahren erwies sich auf $\mathfrak{F} = \mathfrak{B}$ als konsistent.
In $\mathfrak{B}^k = \mathbb{R}^2$ hat das Verfahren dann die Form:

$$\tilde{y}_{n+1} = \begin{bmatrix} y_{n+2} \\ y_{n+1} \end{bmatrix} = \begin{bmatrix} -4 & 5 \\ 1 & 0 \end{bmatrix} \begin{bmatrix} y_{n+1} \\ y_n \end{bmatrix} = \tilde{C}\tilde{y}_n, \text{ d. h.}$$

$$\tilde{C} = \begin{bmatrix} -4 & 5 \\ 1 & 0 \end{bmatrix}.$$

Die der hier benutzten Norm in $\mathfrak{B}^k$ entsprechende Operatornorm ist im vorliegenden Fall die maximale Spaltenbetragssumme. Trivialerweise ist $C^n(h) = C^n$ ein stetiger linearer Operator auf $\mathfrak{B}^k$, so daß alle Voraussetzungen des Äquivalenzsatzes erfüllt sind.
Da nun C den Eigenwert -5 besitzt, bleiben die Elemente von C^n und damit dann auch die Norm von C^n nicht be-

schränkt. Also ist das Verfahren nicht L-stabil auf $\mathfrak{B}$ und damit dann auch nicht L-konvergent auf $\mathfrak{B}$ nach dem Äquivalenzsatz.

2. In dem Banachraum

$$\mathfrak{B} := \{u : u \in C^0_{2\pi}(\mathbb{R}),\ \|u\| = \max_{0 \le x \le 2\pi} |u(x)|\}$$

betrachten wir die lineare Anfangswertaufgabe

$$u_t = u_{xx},\ 0 \le t \le T,$$
$$u(x,0) = u_0(x).$$

Zur Approximation dieser AWA nehmen wir das Verfahren

$$u_{n+1}(x) = u_n(x) + \lambda(u_n(x-\sqrt{\tfrac{h}{\lambda}}) - 2u_n(x) + u_n(x+\sqrt{\tfrac{h}{\lambda}}))$$
$$\text{mit } \lambda = \frac{h}{(\Delta x)^2} = \text{const.}$$

Somit sind die Operatoren C(h) definiert durch

$$[C(h)u](x) = u(x) + \lambda(u(x-\sqrt{\tfrac{h}{\lambda}}) - 2u(x) + u(x+\sqrt{\tfrac{h}{\lambda}}))$$

und damit trivialerweise linear auf $\mathfrak{B}$.

Taylorentwicklung des Ausdruckes

$$|[u(t+h) - C(t,h)u(t)]\ (x)| =$$
$$|u(x,t+h) - u(x,t) - \lambda((u(x-\sqrt{\tfrac{h}{\lambda}},t) - 2u(x,t) + u(x+\sqrt{\tfrac{h}{\lambda}},t))|$$

um (x,t) ergibt als obere Schranke für den lokalen Fehler

$$\max_{0 \le x \le 2\pi} |h(u_t - u_{xx})| + O(h^2),\ \text{sofern } u_0 \in \mathfrak{B} \cap C^4(\mathbb{R})\ ^{1)}$$

und damit unter Berücksichtigung der DGL

$$\varepsilon(h,u_0) = O(h^2).$$

Folglich ist das vorliegende Einschrittverfahren mit der

---

1) Nach dem Satz von Tychonoff ist im Falle $0 < t \le T$ schon $u_0 \in \mathfrak{B}$ ausreichend. Man siehe dazu etwa [19] S. 47.

AWA konsistent auf $\mathfrak{D} = \mathfrak{L} \cap C^4(\mathbb{R})$ [1] und von der Ordnung 1 bei beliebigem $\lambda > 0$.

a) Sei $\lambda \leq \frac{1}{2}$. Dann folgt

$$|[C(h)u](x)| = |(1-2\lambda)u(x) + \lambda(u(x-\sqrt{\tfrac{h}{\lambda}})+u(x+\sqrt{\tfrac{h}{\lambda}}))|$$
$$\leq (1-2\lambda)|u(x)| + \lambda(|u(x-\sqrt{\tfrac{h}{\lambda}})| + |u(x+\sqrt{\tfrac{h}{\lambda}})|)$$
$$\leq (1-2\lambda)\|u\| + 2\lambda\|u\| = \|u\| \quad \forall\, x \in \mathbb{R} \Rightarrow$$

$$\|C(h)u\| \leq \|u\| \quad \forall\, u \in \mathfrak{L} \Rightarrow \|C(h)\| \leq 1 \Rightarrow \|C^n(h)\| \leq 1.$$

Dies gilt nun für alle $nh \in [0,T]$. Also ist das Verfahren L-stabil auf $\mathfrak{L}$ [2].

b) Sei $\lambda > \frac{1}{2}$.

Das Verfahren ist in diesem Fall nicht L-stabil auf $\mathfrak{L}$. Um dies zu zeigen, wähle man spezielle Schrittweiten

$$\Delta x = \frac{\pi}{m} \text{ mit } m \in \mathbb{N}.$$

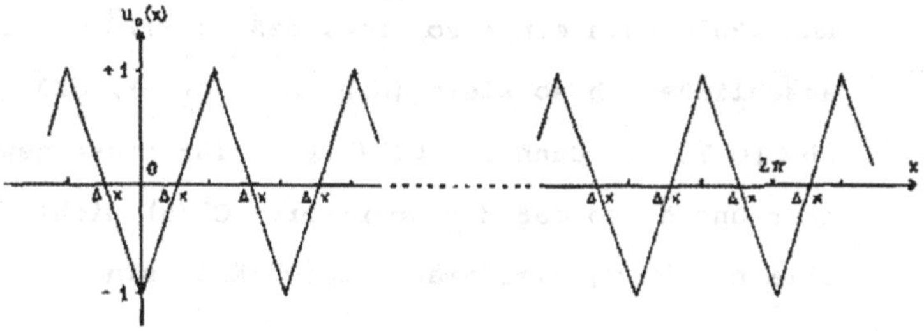

Fig. 1

---

[1]) Siehe Fußnote 1 auf S. 68.

[2]) Die Aussage, daß bei linearen Aufgaben mit konstanten Koeffizienten Konvergenz eintritt, sofern die Summe der Beträge der Koeffizienten der mit der AWA konsistenten Differenzengleichung den Wert 1 nicht übersteigt, heißt "Indexkriterium" (Collatz) (vergleiche [11], S.300).

Gibt man eine Anfangsfunktion u_o gemäß Fig. 1 vor, so ist offensichtlich $u_o \in \mathfrak{L}$, und es gilt

$$u_1(x) = u_o(x) + \lambda(u_o(x-\sqrt{\tfrac{h}{\lambda}}) - 2u_o(x) + u_o(x+\sqrt{\tfrac{h}{\lambda}})) =$$
$$= u_o(x) + \lambda(u_o(x-\Delta x) - 2u_o(x) + u_o(x+\Delta x)) =$$
$$= u_o(x) - 4\lambda u_o(x) = (1-4\lambda)u_o(x),$$
$$u_2(x) = u_1(x) + \lambda(u_1(x-\sqrt{\tfrac{h}{\lambda}}) - 2u_1(x) + u_1(x+\sqrt{\tfrac{h}{\lambda}})) =$$
$$= (1-4\lambda)(u_o(x)+\lambda(u_o(x-\sqrt{\tfrac{h}{\lambda}})-2u_o(x)+u_o(x+\sqrt{\tfrac{h}{\lambda}})) =$$
$$= (1-4\lambda)u_1(x) = (1-4\lambda)^2 u_o(x),$$

....

$$u_n(x) = (1-4\lambda)u_{n-1}(x) = (1-4\lambda)^n u_o(x).$$

Folglich ist

$$\|C^n(h)\| \geq \|C^n(h)u_o\| = \|u_n\| = |1-4\lambda|^n\|u_o\| = (4\lambda-1)^n.$$

Man gebe sich nun eine beliebig große Zahl $p \in \mathbb{N}$ vor und wähle dazu ein n so groß, daß $(4\lambda-1)^n > p$, und anschließend h so klein (d.h. m so groß), daß $nh \in [0,T]$ [1]). Dann ist $\|C^n(h)\| > p$ für diese gewählte n und h, so daß die Operatoren $C^n(h)$ nicht für alle $nh \in [0,T]$ gleichmäßig beschränkt sind.

Folgerung:

Die Forderung der Stabilität betrifft häufig den Zusammenhang zwischen der Schrittweite in Richtung der Zeitvariablen und den Schrittweiten in Richtung der Ortsvariablen.

---

[1]) Dies wird erreicht für $m \geq \pi\sqrt{\frac{\lambda n}{T}}$

3. In dem Banachraum

$$\mathfrak{B} := \{ u : u \in L^2[0,1],\ \|u\| = (\int_0^1 u^2(x)dx)^{\frac{1}{2}} \}$$

betrachten wir wieder die lineare ARWA von S. 3

$$u_t = u_{xx}$$
$$u(x,0) = u_o(x) \quad \text{für } 0 \leq x \leq 1$$
$$u(0,t) = u(1,t) = 0 \text{ für } 0 \leq t \leq T.$$

Zur Approximation dieser ARWA verwenden wir das Verfahren

$$u_{n+1}(x) = \begin{cases} 0 & \text{für } 0 \leq x < \Delta x \\ (1-2\lambda)u_n(x) + \lambda(u_n(x-\Delta x) + u_n(x+\Delta x)) & \text{für } \Delta x \leq x \leq 1-\Delta x \\ 0 & \text{für } 1-\Delta x < x \leq 1 \end{cases}$$

$$\text{mit } \lambda = \frac{h}{(\Delta x)^2} = \text{const.}$$

Die Differenzenoperatoren $C(h)$ sind somit definiert durch

$$[C(h)u](x) = \begin{cases} 0 & \text{für } 0 \leq x < \Delta x \\ (1-2\lambda)u(x) + \lambda(u(x-\Delta x) + u(x+\Delta x)) & \text{für } \Delta x \leq x \leq 1-\Delta x \\ 0 & \text{für } 1-\Delta x < x \leq 1 \end{cases}$$

und damit trivialerweise linear auf $\mathfrak{B}$. Man erhält

$$\|C(h)u\|^2 = \int_{\Delta x}^{1-\Delta x} \{(1-2\lambda)u(x) + \lambda(u(x-\Delta x) + u(x+\Delta x))\}^2 dx =$$
$$= (1-2\lambda)^2 \int_{\Delta x}^{1-\Delta x} u^2(x)dx + 2\lambda(1-2\lambda) \int_{\Delta x}^{1-\Delta x} u(x)u(x+\Delta x)dx +$$
$$+ 2\lambda(1-2\lambda) \int_{\Delta x}^{1-\Delta x} u(x)u(x-\Delta x)dx + \lambda^2 \int_{\Delta x}^{1-\Delta x} u^2 \ (x-\Delta x)dx +$$
$$+ 2\lambda^2 \int_{\Delta x}^{1-\Delta x} u(x-\Delta x)\cdot u(x+\Delta x)dx + \lambda^2 \int_{\Delta x}^{1-\Delta x} u^2 \ (x+\Delta x)dx.$$

Wir setzen nun wieder $\lambda \leq \frac{1}{2}$ voraus. Dann folgt nach der Schwarzschen Ungleichung

$$\|C(h)u\|^2 \leq$$
$$\leq (1-2\lambda)^2 \int_{\Delta x}^{1-\Delta x} u^2(x)dx + 2\lambda(1-2\lambda)(\int_{\Delta x}^{1-\Delta x} u^2(x)dx)^{\frac{1}{2}} (\int_{\Delta x}^{1-\Delta x} u^2(x+\Delta x)dx)^{\frac{1}{2}} +$$

$$2\lambda(1-2\lambda)\left(\int_{\Delta x}^{1-\Delta x} u^2(x)\,dx\right)^{\frac{1}{2}}\left(\int_{\Delta x}^{1-\Delta x} u^2(x-\Delta x)\,dx\right)^{\frac{1}{2}} + \lambda^2\int_{\Delta x}^{1-\Delta x} u^2(x-\Delta x)\,dx +$$

$$2\lambda^2\left(\int_{\Delta x}^{1-\Delta x} u^2(x-\Delta x)\,dx\right)^{\frac{1}{2}}\left(\int_{\Delta x}^{1-\Delta x} u^2(x+\Delta x)\,dx\right)^{\frac{1}{2}} + \lambda^2\int_{\Delta x}^{1-\Delta x} u^2(x+\Delta x)\,dx \leq$$

$$\leq \{(1-2\lambda)^2+2\lambda(1-2\lambda)+2\lambda(1-2\lambda)+\lambda^2+2\lambda^2+\lambda^2\}\|u\|^2 = \|u\|^2 \Rightarrow$$

$$\|C(h)u\| \leq \|u\| \quad \forall\, u \in \mathfrak{B} \Rightarrow \|C(h)\| \leq 1 \quad \Rightarrow \|C^n(h)\| \leq 1.$$

Dies gilt für alle $nh \in [0,T]$. Also ist das Verfahren L-stabil auf $\mathfrak{B}$ für $\lambda \leq \frac{1}{2}$.

Bemerkung:

Für $\lambda > \frac{1}{2}$ ist das Verfahren auch hier nicht L-stabil (vergleiche Beispiel 1 im Abschnitt 4.5).

4. In dem Banachraum

$$\mathfrak{B} = \{u : u \in C^0_{2\pi}(R^d),\ \|u\| = \max_{j=1,\dots,d}\ \max_{0\leq x_j\leq 2\pi} |u(x_1,\dots,x_d)|\}$$

betrachten wir nun in Verallgemeinerung des zweiten Beispieles die lineare AWA

$$u_t = \sum_{j=1}^{d} u_{x_j x_j}, \quad 0 \leq t \leq T,$$

$$u(x_1,\dots,x_d;0) = u_0(x_1,\dots,x_d).$$

Zur Approximation dieser AWA nehmen wir das Verfahren

$$u_{n+1}(x) = u_n(x) + \lambda\sum_{j=1}^{d}\{u_n(x_1,\dots,x_j-\Delta x_j,\dots,x_d)- -2u_n(x)+u_n(x_1,\dots,x_j+\Delta x_j,\dots,x_d))\}$$

$$\lambda = \frac{h}{(\Delta x_j)^2} = \text{const} \quad \text{für } j = 1,\dots,d \ (x = (x_1,\dots,x_d)).$$

Somit sind die Operatoren $C(h)$ definiert durch

$$[C(h)u](x) = u(x) + \lambda\sum_{j=1}^{d}\{u(x_1,\dots,x_j-\Delta x_j,\dots,x_d)- -2u(x)+u(x_1,\dots,x_j+\Delta x_j,\dots,x_d))\}$$

und damit trivialerweise linear auf $\mathfrak{B}$.

a. Sei $\lambda \leq \frac{1}{2d}$. Dann folgt

$|[C(h)u](x)| \leq (1-2d\lambda)\|u\| + 2d\lambda\|u\| = \|u\| \quad \forall x \in R^d \Rightarrow$

$\|C(h)u\| \leq \|u\| \quad \forall u \in \mathfrak{B} \Rightarrow \|C(h)\| \leq 1 = \|C^n(h)\| \leq 1.$

Dies gilt nun für alle $nh \in [0,T]$. Also ist das Verfahren L-stabil auf $\mathfrak{B}$.

b. Sei $\lambda > \frac{1}{2d}$.

Das Verfahren ist in diesem Fall nicht L-stabil auf $\mathfrak{B}$, wie man sofort in Analogie zu Beispiel 2 zeigen kann.

Folgerung:

Die durch die Stabilitätsforderung bedingte Einschränkung der Schrittweite in Richtung der Zeitvariablen macht sich mit wachsender Dimension d immer ungünstiger bemerkbar.

Diese ungünstige Abhängigkeit von der Dimension kann auf verschiedene Weise verbessert werden. Eine mögliche Verbesserung liefern die "Zwischenschrittverfahren" oder "Verfahren der alternierenden Richtungen". Wir zeigen dies am Fall d = 2 anhand des Verfahrens von Paecemann, Racheford, Douglas ([29],[16]).

5. Wir gehen aus von der Aufgabe in Beispiel 4 mit d = 2 und unterteilen die Intervalle $[t_n, t_{n+1}]$ in jeweils zwei Teilintervalle $[t_n, t_{n+\frac{1}{2}}]$ und $[t_{n+\frac{1}{2}}, t_{n+1}]$. Zur Approximation der AWA verwenden wir dann das Verfahren:

$$u_{n+\frac{1}{2}}(x,y)=u_n(x,y) + \frac{\lambda}{2}\{u_{n+\frac{1}{2}}(x-\Delta x,y)-2u_{n+\frac{1}{2}}(x,y)+u_{n+\frac{1}{2}}(x+\Delta x,y)+$$
$$+u_n(x,y-\Delta y)-2u_n(x,y)+u_n(x,y+\Delta y)\},$$
$$u_{n+1}(x,y)=u_{n+\frac{1}{2}}(x,y)+\frac{\lambda}{2}\{u_{n+\frac{1}{2}}(x-\Delta x,y)-2u_{n+\frac{1}{2}}(x,y)+u_{n+\frac{1}{2}}(x+\Delta x,y)+$$
$$+u_{n+1}(x,y-\Delta y)-2u_{n+1}(x,y)+u_{n+1}(x,y+\Delta y)\}$$
$$\text{mit } \lambda = \frac{h}{(\Delta x)^2} = \frac{h}{(\Delta y)^2} = \text{const.}$$

Man kann dieses Verfahren "halbimplizit" nennen. Es sei eindeutig auflösbar nach der zu berechnenden Funktion u_{n+1}. Dann kann man es wieder in der Form

$$u_{n+1} = C(h)u_n$$

schreiben. Setze

$$v(x,y) = u(x,y) + \frac{\lambda}{2}\{v(x-\Delta x,y)-2v(x,y)+v(x+\Delta x,y)+$$
$$+u(x,y-\Delta y)-2u(x,y)+u(x,y+\Delta y)\},$$
$$w(x,y) = v(x,y) + \frac{\lambda}{2}\{v(x-\Delta x,y)-2v(x,y)+v(x+\Delta x,y)+$$
$$+w(x,y-\Delta y)-2w(x,y)+w(x,y+\Delta y)\}.$$

Für $\lambda \leq 1$ erhält man sofort

$$\left.\begin{array}{l}(1+\lambda)\|v\| \leq (1-\lambda)\|u\|+\lambda\|v\|+\lambda\|u\| \Rightarrow \|v\|\leq\|u\| \\ (1+\lambda)\|w\| \leq (1-\lambda)\|v\|+\lambda\|v\|+\lambda\|w\| \Rightarrow \|w\|\leq\|v\|\end{array}\right\} \Rightarrow \|w\| \leq \|u\| \Rightarrow$$

$$\|C(h)u\| = \|w\| \leq \|u\| \;\forall\; u \in \mathfrak{B} \Rightarrow \|C(h)\| \leq 1 \Rightarrow \|C^n(h)\| \leq 1.$$

Dies gilt nun für alle $nh \in [0,T]$. Also ist das Verfahren L-stabil auf $\mathfrak{B}$ für $\lambda \leq 1$.

Bemerkung:

Gegenüber dem im Beispiel 4 behandelten Verfahren tritt bei dem Verfahren der alternierenden Richtungen zwar eine Verdoppelung des Rechenaufwandes auf, dafür liefert jedoch diese einfache Abschätzung bereits die Möglichkeit der Vervierfachung der Schrittweite.

Bemerkung:

Im ersten Teil des Äquivalenzsatzes wurde die Konsistenz des Verfahrens nicht benötigt. Sie ist in der Tat auch nicht notwendig für die Konvergenz des Verfahrens, wie das folgende schöne Beispiel von Spijker [37] zeigt.

6. In dem Banachraum

$$\mathfrak{B} = \{u : u \in C^0(\mathbb{R}),\ \lim_{|x|\to\infty} u(x) = 0,\ \|u\| = \max_{x\in\mathbb{R}} |u(x)|\}$$

betrachte man die lineare Anfangswertaufgabe

$$u_t = u_x,\quad 0 \leq t \leq T,$$

$$u(x,0) = u_0(x).$$

Der Teilraum $\mathfrak{A} = \mathfrak{B} \cap C^1(\mathbb{R})$ ist dicht in $\mathfrak{B}$. Die gegebene Anfangswertaufgabe hat für jedes $u_0 \in \mathfrak{A}$ auch in diesem Raum $\mathfrak{B}$ eine eindeutige Lösung

$$[E_0(t)u_0](x) = u(x,t) = u_0(x+t).$$

Die Existenz verallgemeinerter Lösungen auf $\mathfrak{B}$ ist trivial:

$$[E(t)u](x) = u(x,t) = u_0(x+t) \quad \forall\, u_0 \in \mathfrak{B}.$$

Zur Approximation dieser AWA nehme man das Verfahren

$$u_{n+1}(x) = \begin{cases} u_n(2x+2h) & \forall\, x \in (-h,0] \\ u_n(2h) & \forall\, x \in (0,+h) \\ u_n(x+h) & \text{sonst.} \end{cases}$$

Somit sind die Operatoren $C(h)$ definiert durch

$$[C(h)u](x) = \begin{cases} u(2x+2h) & \forall\, x \in (-h,0] \\ u(2h) & \forall\, x \in (0,+h) \\ u(x+h) & \text{sonst} \end{cases}$$

und damit stetig und linear auf $\mathfrak{B}$.

Durch vollständige Induktion erhält man unmittelbar:

$$u_n(x) = \begin{cases} u_o(2(x+nh)) & \forall\, x \in (-nh,-(n-1)h] \\ u_o((r+1)h) & \forall\, x \in (-(n-r)h,-(n-r-\frac{1}{2})h] \\ & \text{für } r = 1,\ldots,n-1 \\ u_o(2(x+nh)-rh) & \forall\, x \in (-(n-r-\frac{1}{2})h,-(n-r-1)h] \\ u_o((n+1)h) & \forall\, x \in (0,h) \\ u_o(x+nh) & \text{sonst.} \end{cases}$$

Man betrachte nun ein abgeschlossenes und beschränktes Intervall I aus $\mathbb{R}$. Da I kompakt ist und u_o stetig auf I ist, existiert zu beliebigem $\varepsilon > 0$ ein $\delta(\varepsilon) > 0$ mit

$$|u_o(\xi)-u_o(\eta)| < \frac{\varepsilon}{2} \quad \forall\, \xi,\eta \in I \text{ mit } |\xi-\eta| < \delta(\varepsilon). \tag{6}$$

Wegen $\lim\limits_{|x|\to\infty} u(x) = 0$ gibt es ein $s(\varepsilon) > 0$ derart, daß

$$|u_o(\xi)-u_o(\eta)| < \frac{\varepsilon}{2} \quad \forall\, \xi,\eta \in \mathbb{R} \text{ mit } |\xi|,\ |\eta| \geq s(\varepsilon). \tag{7}$$

Also existiert nach (6) und (7) zu beliebigem $\varepsilon > 0$ ein $\delta(\varepsilon) > 0$ mit der Eigenschaft

$$|u_o(\xi)-u_o(\eta)| < \varepsilon \quad \forall\, \xi,\eta \in \mathbb{R} \text{ mit } |\xi-\eta| < \delta(\varepsilon). \tag{8}$$

Zu beliebig festem $t \in [0,T]$ gebe man sich dann eine Folge $\{n_j\} \to \infty$ und eine Folge $\{h_j\} \to 0$ mit $\{n_j h_j\} \subset [0,T]$ und $\{n_j h_j\} \to t$ vor. Man wähle anschließend j_o so groß, daß

$$h_j < \frac{1}{2}\delta(\varepsilon) \quad \text{und} \quad |n_j h_j - t| < \frac{1}{2}\delta(\varepsilon) \quad \forall\, j > j_o. \tag{9}$$

Der einfacheren Schreibweise halber lassen wir im folgenden den Index j fort. Aus (8) und (9) schließt man:

a. $|u_n(x)-u_o(x+t)| = |u_o(2(x+nh))-u_o(x+t)| < \varepsilon$

$\forall\, x \in (-nh,-(n-1)h]$,

denn $|2(x+nh)-(x+t)| \leq |nh-t|+h < \delta(\varepsilon)$.

b. $|u_n(x)-u_o(x+t)| = |u_o((r+1)h)-u_o(x+t)| < \varepsilon$

$\forall\, x \in (-(n-r)h, -(n-r-\frac{1}{2})h]$ und $\forall\, r = 1,\dots,n-1,$

denn $|(r+1)h-(x+t)| \leq |nh-t|+h < \delta(\varepsilon)$

c. $|u_n(x)-u_o(x+t)| = |u_o(2(x+nh)-rh)-u_o(x+t)| < \varepsilon$

$\forall\, x \in (-(n-r-\frac{1}{2})h, -(n-r-1)h]$ und $\forall\, r = 1,\dots,n-1,$

denn $|2(x+nh)-rh-(x+t)| \leq |nh-t|+h < \delta(\varepsilon)$

d. $|u_n(x)-u_o(x+t)| = |u_o((n+1)h)-u_o(x+t)| < \varepsilon$

$\forall\, x \in (0,h),$

denn $|(n+1)h-(x+t)| \leq |nh-t|+h < \delta(\varepsilon)$

e. $|u_n(x)-u_o(x+t)| = |u_o(x+nh)-u_o(x+t)| < \varepsilon$

$\forall\, x \geq h$ und $\forall\, x \leq -nh,$

denn $|(x+nh)-(x+t)| = |nh-t| < \delta(\varepsilon)$

a. - e. $\Rightarrow |u_{n_j}(x)-u(x,t)| < \varepsilon \quad \forall\, x \in R$ und $\forall\, j > j_o \Rightarrow$

$|u_{n_j}-u(t)| < \varepsilon \quad \forall\, j > j_o \Rightarrow$

$\lim_{j\to\infty} u_{n_j} = \lim_{j\to\infty} C^{n_j}(h_j)u_o = E(t)u_o = u(t) \quad \forall\, u_o \in \mathfrak{B} \quad \Rightarrow$

Verfahren konvergent auf $\mathfrak{B}$.

Das Verfahren ist aber auf keiner in $\mathfrak{B}$ dichten Menge $\mathfrak{D}$ konsistent. Gäbe es nämlich eine solche in $\mathfrak{B}$ dichte Menge $\mathfrak{D}$, so wäre für $u_o \in \mathfrak{D}$

$$|[C(h)E_o(t)u_o](0)-[E_o(t+h)u_o](0)| =$$

$$|u_o(t+2h)-u_o(t+h)| = o(h) = h\cdot o(1).$$

Folglich wäre u_o in dem Punkt t differenzierbar und es wäre $u_o'(x) = 0 \quad \forall\, x \in [0,T]$, d. h. u_o konstant auf $[0,T]$. Das ist aber ein Widerspruch, da die Menge der auf $[0,T]$ konstanten Funktionen sicher nicht dicht in $\mathfrak{B}$ ist.

4.5. Anwendung der Lax-Richtmyer-Theorie auf lineare DGL mit konstanten Koeffizienten bei Approximation mit Einschrittverfahren in L^2 (vergleiche [31]).

Sei $\mathfrak{L}$ der Banachraum

$$\{u : u \in L^2[0,2\pi]^d,\ \|u\| = \left(\int_0^{2\pi}\cdots\int_0^{2\pi} u^2(x_1,\ldots,x_d)dx_1\cdots dx_d\right)^{\frac{1}{2}}\}.$$

In dem Banachraum $\mathfrak{B} = \mathfrak{L}^p$ suchen wir dann eine einparametrige Schar u(t), die der linearen AWA

$$u_t = Au,\ 0 \leq t \leq T,$$
$$u(0) = u_o$$

genügt. Die Koeffizienten dieser AWA setzen wir konstant voraus, d. h.

mit

$$u = \begin{bmatrix} u^{[1]} \\ u^{[2]} \\ \cdots \\ u^{[p]} \end{bmatrix}$$

sei

$$u_t^{[j]} = \sum_{\nu_1+\cdots+\nu_d=0}^{m_{1j}} a^{[j]}_{1\,\nu_1\cdots\nu_d} \frac{\partial^{\nu_1+\cdots+\nu_d}}{\partial x_1^{\nu_1}\cdots\partial x_d^{\nu_d}} + \ldots + \sum_{\nu_1+\cdots+\nu_d=0}^{m_{pj}} a^{[j]}_{p\,\nu_1\cdots\nu_d} \frac{\partial^{\nu_1+\cdots+\nu_d}}{\partial x_1^{\nu_1}\cdots\partial x_d^{\nu_d}}$$

$$j = 1,\ldots,p$$

und damit A eine $p \times p$-Matrix, deren Elemente Polynome in

$$\frac{\partial}{\partial x_1},\ldots,\frac{\partial}{\partial x_d}$$

sind.

Die Funktionen $(2\pi)^{-\frac{d}{2}} e^{i(l,x)}$ bilden für $l \in Z^d$ bekanntlich ein vollständiges Orthonormalsystem in $\mathcal{L}$. Also ist u nach dem Satz von Riesz und Fischer eineindeutig darstellbar als

$$u^{[j]}(x) = (2\pi)^{-\frac{d}{2}} \sum_{l \in Z^d} \alpha^{[j]}_{l_1 \dots l_d} \; e^{i(l,x)} \qquad (10)$$

$$j = 1, \dots, p.$$

Setzt man nun

$$l = \begin{bmatrix} l_1 \\ l_2 \\ \cdot\cdot \\ l_d \end{bmatrix}, \quad v(l) = \begin{bmatrix} \alpha^{[1]}_{l_1 \dots l_d} \\ \alpha^{[2]}_{l_1 \dots l_d} \\ \cdots\cdots \\ \alpha^{[p]}_{l_1 \dots l_d} \end{bmatrix} \quad \text{und} \quad x = \begin{bmatrix} x_1 \\ x_2 \\ \cdot\cdot \\ x_d \end{bmatrix},$$

so kann man (10) zusammenfassend in der Form

$$u(x) = (2\pi)^{-\frac{d}{2}} \sum_{l \in Z^d} v(l) e^{i(l,x)}$$

schreiben. Für die Fourierkoeffizienten v(l) gilt

$$v(l) = (2\pi)^{-\frac{d}{2}} \int_0^{2\pi} \cdots \int_0^{2\pi} u(x) \cdot e^{-i(l,x)} dx_1 \dots dx_d .$$

Wegen der Vollständigkeit des Orthonormalsystems gilt die Parsevalsche Gleichung:

$$\|u\|^2_{\mathcal{L}} := \int_0^{2\pi} \cdots \int_0^{2\pi} (u(x), u(x)) dx_1 \dots dx_d = \sum_{l \in Z^d} (v(l), v(l)) =: \|u\|^2_{\mathcal{W}}$$

wobei $\mathcal{W} = \{\{v(l)\} : l \in Z^d, \sum_{l \in Z^d} \|v(l)\|^2_{\text{eukl.}} \text{ konvergent}\}$.

Folglich ist die Zuordnung zwischen der Funktion u und ihren Fourierkoeffizienten eineindeutig und norminvariant. Es gibt also eine eineindeutige normtreue Abbildung von $\mathcal{L}$ auf $\mathcal{W}$. Der linearen Differenzengleichung

$$u_{n+1} = C(h) u_n$$

in $\mathcal{B}$ ist daher eineindeutig eine Differenzengleichung in $\mathcal{W}$ zugeordnet. Da nun die aus der Differentialgleichung in die Differenzengleichung übernommenen Koeffizienten konstant sind und die Anfangswertaufgabe linear ist, kann ein Koeffizientenvergleich der Fourierreihen der rechten und linken Seite durchgeführt werden. Mithin gibt es eine Beziehung der Form

$$v_{n+1}(l) = G(h,l)v_n(l)$$

mit einer p×p-Matrix G(h,l).

Definition:

Die Matrix G(h,l) heißt "Amplifikations-Matrix" bzw. im Falle p = 1 "Amplifikations-Faktor".

<u>Satz 5</u> (vergleiche [26]):

Die gleichmäßige Beschränktheit der Operatoren $C^n(h)$ auf $\mathcal{B}$ für alle $nh \in [0,T]$ ist hinreichend und notwendig für die gleichmäßige Beschränktheit der Operatoren $G^n(h,l)$ auf $\mathbb{R}^p$ für alle $nh \in [0,T]$ und für alle $l \in \mathbb{Z}^d$.

Beweis:

$$[C(h)u](x) = \sum_{l \in \mathbb{Z}^d} G(h,l)v(l)e^{i(l,x)} \Rightarrow$$

$$[C^n(h)u](x) = \sum_{l \in \mathbb{Z}^d} G^n(h,l)v(l)e^{i(l,x)}.$$

1. Man wähle ein $l \in \mathbb{Z}^d$ beliebig fest und dazu ein v(l) mit

$$\|G^n(h,l)v(l)\| = \|G^n(h,l)\|.$$

Man wähle dann $u(x) = v(l)e^{i(l,x)}$. Offenbar gilt $\|u\| = 1$ und daher $\|G^n(h,l)\| = \|G^n(h,l)v(l)\| = \|C^n(h)u\| \leq \|C^n(h)\|$.

Folglich ist

$$\sup_{l \in \mathbb{Z}^d} \| G^n(h,l) \| \leq \| C^n(h) \|. \tag{11}$$

2. Man wähle ein $u \in \mathfrak{H}$ mit $\|u\| = 1$ beliebig fest. Sind dann $\{v(l) : l \in \mathbb{Z}^d\}$ die Fourierkoeffizienten dieses u, so ist $\sum_{l \in \mathbb{Z}^d} \|v(l)\|^2 = \|u\|^2 = 1$ (Parsevalsche Gleichung) und damit

$$\|C^n(h)u\|^2 = \sum_{l \in \mathbb{Z}^d} \|G^n(h,l)v(l)\|^2 \leq \sum_{l \in \mathbb{Z}^d} \|G^n(h,l)\|^2 \|v(l)\|^2 \leq$$

$$\leq \sup_{l \in \mathbb{Z}^d} \|G^n(h,l)\|^2 \sum_{l \in \mathbb{Z}^d} \|v(l)\|^2 = \sup_{l \in \mathbb{Z}^d} \|G^n(h,l)\|^2 .$$

Dies gilt nun für jedes $u \in \mathfrak{H}$ mit $\|u\| = 1$. Folglich ist

$$\|C^n(h)\| \leq \sup_{l \in \mathbb{Z}^d} \|G^n(h,l)\| . \tag{12}$$

Aus (11) und (12) folgert man dann unmittelbar den Satz.

Beispiele:

1. In dem Banachraum $\mathfrak{L}$ behandeln wir die AWA von Seite 72

$$u_t = \sum_{j=1}^{d} u_{x_j x_j}, \quad 0 \leq t \leq T,$$

$$u(x,0) = u_o(x)$$

mit dem dort angegebenen expliziten Einschrittverfahren.

Wir erhalten in diesem Raum:

$$\sum_{l \in \mathbb{Z}^d} v_{n+1}(l) e^{i(l,x)} =$$

$$= (1-2d\lambda) \sum_{l \in \mathbb{Z}^d} v_n(l) e^{i(l,x)} +$$

$$\lambda \sum_{j=1}^{d} \Big(\sum_{l \in \mathbb{Z}^d} v_n(l) \big(e^{i(l,x)-il_j \Delta x_j} + e^{i(l,x)+il_j \Delta x_j}\big)\Big)$$

$$= \sum_{l \in \mathbb{Z}^d} v_n(l) e^{i(l,x)} \Big(1-2d\lambda + \lambda \cdot \sum_{j=1}^{d} \big(e^{-il_j \Delta x_j} + e^{il_j \Delta x_j}\big)\Big)$$

$$= \sum_{l \in \mathbb{Z}^d} v_n(l) e^{i(l,x)} \Big(1-2d\lambda+2\lambda \cdot \sum_{j=1}^{d} \cos(l_j \Delta x_j)\Big).$$

Koeffizientenvergleich liefert

$$v_{n+1}(l) = \Big(1-2d\lambda+2\lambda \cdot \sum_{j=1}^{d} \cos(l_j \Delta x_j)\Big) v_n(l).$$

a. Sei $\lambda \leq \frac{1}{2d}$. Dann gilt

$\|G(h,l)\| = |G(h,l)| \leq 1 - 2d\lambda + 2\lambda \sum_{j=1}^{d} |\cos(l_j \Delta x_j)| \leq 1 \Rightarrow$
$\|G^n(h,l)\| \leq 1 \ \forall\ nh \in [0,T]$ und $\forall\ l \in Z^d \Rightarrow G^n(h,l)$ gleichmäßig beschränkt auf R^p $\forall\ nh \in [0,T]$ und $\forall\ l \in Z^d \Rightarrow$ $C^n(h)$ gleichmäßig beschränkt auf $\mathcal{L}$ $\forall\ nh \in [0,T]$ nach obigem Satz. Also ist das Verfahren L-stabil auf $\mathcal{L}$ nach Definition.

b. Sei $\lambda > \frac{1}{2d}$.

Das Verfahren ist in diesem Fall nicht L-stabil auf $\mathcal{L}$, da sich dann durch geeignete Wahl gewisser u_o (vergleiche Beispiel 2 in Abschnitt 4.4) offenbar

$$1 - 2d\lambda + 2\lambda \sum_{j=1}^{d} \cos(l_j \Delta x_j) = \text{const} < -1$$

erreichen läßt.

Folgerung:

Auch hier macht sich die durch die Stabilitätsforderung bedingte Einschränkung der Schrittweite in Richtung der Zeitvariablen t mit wachsender Dimension d immer ungünstiger bemerkbar.

Diese ungünstige Abhängigkeit von der Dimension d kann jedoch hier unter Verwendung des Verfahrens der alternierenden Richtungen behoben werden. Wir zeigen dies am Fall $d = 2$

2. In dem Banachraum $\mathcal{L}$ behandeln wir die Aufgabe von Seite 73

$$u_t = u_{xx} + u_{yy}, \quad 0 \leq t \leq T,$$
$$u(x,y,0) = u_o(x,y)$$

mit dem dort angegebenen Verfahren von Paeceman, Racheford und Douglas. Wir erhalten dann Beziehungen der Form

$$v_{n+\frac{1}{2}}(l) = G_1(h,l)v_n(l)$$

$$v_{n+1}(l) = G_2(h,l)v_{n+\frac{1}{2}}(l)$$

und damit

$$v_{n+1}(l) = G(h,l)v_n(l).$$

Setzt man in die beiden ersten Gleichungen die Fourierreihen ein und vergleicht die Koeffizienten, so ergibt sich

$$v_{n+\frac{1}{2}}(l) = v_n(l) + \frac{\lambda}{2}\{v_{n+\frac{1}{2}}(l)e^{-il_1\Delta x}-2v_{n+\frac{1}{2}}(l)+v_{n+\frac{1}{2}}(l)e^{il_1\Delta x}+ +v_n(l)e^{-il_2\Delta y}-2v_n(l)+v_n(l)e^{il_2\Delta y}\},$$

$$v_{n+1}(l) = v_{n+\frac{1}{2}}(l)+\frac{\lambda}{2}\{v_{n+\frac{1}{2}}(l)e^{-il_1\Delta x}-2v_{n+\frac{1}{2}}(l)+v_{n+\frac{1}{2}}(l)e^{il_1\Delta x}+ +v_{n+1}(l)e^{-il_2\Delta y}-2v_{n+1}(l)+v_{n+1}(l)e^{il_2\Delta y}\}$$

und daher

$$v_{n+\frac{1}{2}}(l) = \frac{1-\lambda+\lambda\cos(l_2\Delta y)}{1+\lambda-\lambda\cos(l_1\Delta x)}\, v_n(l),$$

$$v_{n+1}(l) = \frac{1-\lambda+\lambda\cos(l_1\Delta x)}{1+\lambda-\lambda\cos(l_2\Delta y)}\, v_{n+\frac{1}{2}}(l).$$

Also ist

$$G_1(h,l) = \frac{1-\lambda+\lambda\cos(l_2\Delta y)}{1+\lambda-\lambda\cos(l_1\Delta x)},\quad G_2(h,l) = \frac{1-\lambda+\lambda\cos(l_1\Delta x)}{1+\lambda-\lambda\cos(l_2\Delta y)}$$

und damit

$$G(h,l) = \frac{1-\lambda+\lambda\cos(l_1\Delta x)}{1+\lambda-\lambda\cos(l_1\Delta x)}\cdot\frac{1-\lambda+\lambda\cos(l_2\Delta y)}{1+\lambda-\lambda\cos(l_2\Delta y)}.$$

Hieraus schließt man nun sofort $\|G(h,l)\| = |G(h,l)| \leq 1 \Rightarrow$ $\|G^n(h,l)\| \leq 1 \;\; \forall\, nh \in [0,T]$ und $\forall\, l \in Z^d \Rightarrow G^n(h,l)$ gleichmäßig beschränkt auf R^p $\forall$ nh $\in [0,T]$ und $\forall$ $l \in Z^d \Rightarrow$ $C^n(h)$ gleichmäßig beschränkt auf $\mathfrak{L}$ $\forall$ nh $\in [0,T]$ nach obigem Satz. Also ist das Verfahren nach Definition L-stabil auf $\mathfrak{L}$ und das für alle $\lambda > 0$. Man nennt das Verfahren deshalb auch "unbedingt L-stabil auf $\mathfrak{L}$". [1] [2].

Bemerkung:

An die in diesem Paragraphen behandelte Theorie schließen sich zahlreiche Untersuchungen an, insbesondere solche zur Gewinnung leicht nachprüfbarer hinreichender Bedingungen zur Feststellung der Stabilität sowie Ausdehnungen auf den Fall variabler Koeffizienten (z.B. Kreiß [24], Lax und Wendroff [27], Strang [41] u.a.).

---

[1]) Eine in der Maximumsnorm unbedingt stabile Approximation der Wärmeleitungsgleichung gab Laasonen [25] an.

[2]) Eine ausführliche Darstellung der Zwischenschrittmethoden findet sich bei Janenko [21].

§ 5 THEORIE HALBLINEARER ANFANGSWERTAUFGABEN

5.1. Vorläufige Voraussetzungen.

Wir betrachten im folgenden Anfangswertaufgaben der Form

$$u_t = Fu + G(t)u, \quad 0 \leq t \leq T,$$
$$u(0) = u_0$$

in einem normierten Raum $\mathfrak{M}$. F ist dabei ein linearer Operator von $\mathfrak{M}_F$ in $\mathfrak{M}$ und G ein nicht notwendig linearer Operator von $\mathfrak{M}$ in $\mathfrak{M}$ [1]). Wir betrachten dann dazu Differenzapproximationen

$$\sum_{\nu=0}^{k} A_\nu(h)u_{n+\nu} + h \cdot \sum_{\nu=0}^{k} B_\nu(h)G(t_{n+\nu})u_{n+\nu} = 0.$$

Die Unabhängigkeit der Operatoren $A_\nu(h)$ und $B_\nu(h)$ von der Operatorenschar $\{G(t)\}$ legt es nahe, das Verfahren nur dann L-konvergent zu nennen, wenn es für <u>alle</u> $\{G(t)\}$ einer gewissen Operatorenklasse L-konvergent im alten Sinne ist (in Analogie etwa zu Konvergenzbegriffen bei Differenzapproximationen gewöhnlicher DGL).

Wir verlangen vorerst das Erfülltsein folgender Voraussetzungen [2]):

---

[1]) Der Fall F = F(t) wird später gesondert behandelt.

[2]) Abschwächungen der Voraussetzungen finden sich in Abschnitt 5.4.

(H1) Die Operatoren $G(t)\,(0 \le t \le T)$ seien global gleichgradig lipschitzstetig, d. h. es gebe eine Konstante L_G mit

$$\|G(t)u-G(t)v\| = L_G \|u-v\| \quad \forall\, u,v \in \mathfrak{M}, \quad \forall\, t \in [0,T].$$

(H2) Für alle die Voraussetzung (H1) erfüllenden Operatorenscharen $\{G(t)\}$ existieren auf $\mathfrak{M}$ die Operatoren

$$R(t,h) := (A_k(h)+hB_k(h)G(t))^{-1}$$

$\forall\, h \in [0,h_o]$ (mit einem von G unabhängigen $h_o > 0$) und seien stetig.

(H3) $\|A_k^{-1}(h)u\|$ und $\|B_\nu(h)u\|$ seien für jedes feste $u \in \mathfrak{M}$ stetige Funktionen auf $[0,h_o]$ $(\nu = 0,\dots,k)$.

(H4) Die Operatoren $A_\nu(h)$ und $B_\nu(h)$ seien für jedes feste $h \in [0,h_o]$ stetig und linear auf $\mathfrak{M}$ $(\nu = 0,\dots,k)$.

(H5) $\mathfrak{M}$ sei vollständig.

(H6) Für alle die Voraussetzung (H1) erfüllenden Operatoren $G(t)$ besitze die AWA eindeutige von den Anfangselementen stetig abhängige Lösungen $u(t)$ für alle $u_o \in \mathfrak{A}_G$. $\mathfrak{A}_G$ sei dabei eine in einer Teilmenge $\mathfrak{U}_G$ von $\mathfrak{M}$ dichte Teilmenge. Insbesondere sei $\mathfrak{A}_\Theta$ ein in $\mathfrak{M}$ dichter linearer Teilraum. Die zur AWA gehörige lineare Aufgabe

$$u_t = Fu, \quad 0 \le t \le T,$$
$$u(0) = u_o$$

besitze also (wie in der Lax-Richtmyer-Theorie) auf einem in $\mathfrak{M}$ dichten Teilraum eindeutige Lösungen.

(H7) Für alle die Voraussetzung (H1) erfüllenden Operatoren $G(t)$ sei obiges Differenzenverfahren mit der gegebenen AWA auf einer in $\mathfrak{A}_G$ dichten Teilmenge $\mathfrak{D}_G$ konsistent.

Bemerkung:

Im Falle $G \equiv \Theta$ lautet der auf Seite 28 definierte Differenzenoperator

$$\tilde{C}(t,h) = \begin{bmatrix} -A_k^{-1}(h)A_{k-1}(h) & \dots & -A_k^{-1}(h)A_1(h) & -A_k^{-1}(h)A_0(h) \\ I & & \Theta & \Theta \\ & \ddots & & \vdots \\ \Theta & & I & \Theta \end{bmatrix} =: \tilde{A}(h),$$

so daß $\tilde{A}(h)$ ein linearer Operator auf $\mathfrak{M}^k$ ist.

Definition:

Obige Differenzapproximation der gegebenen AWA heißt auf $\mathfrak{M}$ L-stabil, wenn die zugehörige lineare Differenzapproximation

$$\sum_{\nu=0}^{k} A_\nu(h)u_{n+\nu} = 0$$

L-stabil auf $\mathfrak{M}$ ist, d. h. ein $c > 0$ existiert mit

$\| \tilde{A}^n(h) \| \leq c \quad \forall\, h \in [0,h_0]$ und $\forall\, n \in \mathbb{N}$ mit $(n+k-1)h \in [0,T]$.

5.2. Äquivalenzsatz. Existenz verallgemeinerter Lösungen.

Satz 1 (vergleiche [4]):

Ist das Verfahren unter den Voraussetzungen (H1) - (H6) auf $\mathfrak{W}_G$ mit $\mathfrak{F}_G \subset \mathfrak{W}_G \subset \mathfrak{U}_G$ [1]) L-konvergent und ist insbesondere $\mathfrak{W}_\Theta = \mathfrak{M}$, so ist das Verfahren L-stabil auf $\mathfrak{M}$.

---

[1]) Beispielsweise ist $\mathfrak{W}_G = \mathfrak{U}_G$, falls verallgemeinerte Lösungen auf $\mathfrak{U}_G$ existieren.

Ist das Verfahren unter den Voraussetzungen (H1) - (H7) L-stabil auf $\mathfrak{M}$, so ist das Verfahren L-konvergent auf $\mathfrak{U}_G$ und es existieren verallgemeinerte Lösungen auf $\mathfrak{U}_G$.

Bemerkung:

Die bei linearen AWA ausgenutzte Existenz verallgemeinerter Lösungen wird hier nicht vorausgesetzt, sondern mitbewiesen. Ein gesonderter Nachweis der Existenz verallgemeinerter Lösungen entfällt also.

Beweis des Äquivalenzsatzes (Satz 1):

1. Ist das Verfahren L-konvergent im Sinne obigen Satzes, so ist es insbesondere L-konvergent auf $\mathfrak{M}$ für $G \equiv \Theta$. Folglich ist es nach dem Äquivalenzsatz von Lax (S.62) L-stabil auf $\mathfrak{M}$ aufgrund der vorausgesetzten Vollständigkeit von $\mathfrak{M}$.

2. Das Verfahren sei L-stabil auf $\mathfrak{M}$ im Sinne obigen Satzes. Wir setzen ohne Beschränkung der Allgemeinheit $c \geq 1$ voraus. Zunächst ein Hilfssatz:

   Die Operatoren $\prod_{\nu=m}^{n-1} \tilde{C}(\nu h,h)$ sind für alle n und für alle m mit $0 \leq m \leq n-1$ und für alle hinreichend kleinen h mit $(n+k-1)h \in [0,T]$ gleichgradig lipschitzstetig auf $\mathfrak{M}^k$. Für $m = 0$ bedeutet dies die gleichgradige Stetigkeit der iterierten Differenzenoperatoren $\prod_{\nu=0}^{n-1} \tilde{C}(\nu h,h)$ auf $\mathfrak{M}^k$.

   Beweis:

   Multipliziert man den auf S. 28 definierten Differenzenoperator $\tilde{C}(t,h)$ von links mit

$$\begin{bmatrix} I+hA_k^{-1}(h)B_k(h)G(t+kh) & & & \\ & I & & \Theta \\ & & \ddots & \\ \Theta & & & I \end{bmatrix},$$

so erhält man

$$\tilde{C}(t,h) = \tilde{A}(h) + h(\tilde{B}_o(t,h)\tilde{C}(t,h)+\tilde{B}_1(h)\tilde{G}(t,h)+\tilde{B}_2(t,h)\tilde{\Theta})$$

mit

$$\tilde{B}_o(t,h) := \begin{bmatrix} -A_k^{-1}(h)B_k(h)G(t+kh) & \Theta \ldots\ldots\ldots\ldots \Theta \\ & \Theta \end{bmatrix},$$

$$\tilde{B}_1(h) := \begin{bmatrix} -A_k^{-1}(h)B_{k-1}(h) & \ldots & -A_k^{-1}(h)B_1(h) & -A_k^{-1}(h)B_o(h) \\ & \Theta & & \end{bmatrix},$$

$$\tilde{B}_2(t,h) := \begin{bmatrix} \Theta & A_k^{-1}(h)B_k(h)G(t+kh) \ldots & A_k^{-1}(h)B_k(h)G(t+kh) \\ & \Theta & \end{bmatrix},$$

$$\tilde{G}(t,h) := \begin{bmatrix} G(t+(k-1)h) & & & \Theta \\ & G(t+(k-2)h) & & \\ & & \ddots & \\ \Theta & & & G(t) \end{bmatrix}.$$

Aus später ersichtlichen Gründen ersetzen wir hierin t durch $t+\nu h$ und fordern nun auch noch $t+(\nu+k-1)h \in [0,T]$. Durch vollständige Induktion nach n (beginnend bei $n = m+1$) erhalten wir dann die Beziehung

$$\prod_{\nu=m}^{n-1} \tilde{C}(t+\nu h,h) =$$
$$= \tilde{A}^{n-m}(h) + h\sum_{\mu=m}^{n-1} \tilde{A}^{n-1-\mu}(h)\{\tilde{B}_o(t+\mu h,h)\tilde{C}(t+\mu h,h) + \tag{1}$$
$$+ \tilde{B}_1(h)\tilde{G}(t+\mu h,h)+\tilde{B}_2(t+\mu h,h)\tilde{\Theta}\}\prod_{\nu=m}^{\mu-1}\tilde{C}(t+\nu h,h),$$

wobei wir $\prod_{\nu=m}^{m-1}\tilde{C}(t+\nu h,h)$ mit der Identität $\tilde{I}$ gleichsetzen. Diese Beziehung gilt für jedes n, jedes m mit $0 \leq m \leq n-1$, jedes $t \in [0,T]$ und jedes $h \in [0,h_o]$ mit $t+(n+k-1)h \in [0,T]$.

Wir setzen nun vorübergehend

$$\tilde{u} = \begin{bmatrix} z_1 \\ z_2 \\ \vdots \\ z_k \end{bmatrix},$$

wobei die Komponenten $z_1,\ldots,z_k$ Elemente aus $\mathfrak{M}$ sind. Dann folgt

$$\tilde{B}_o(t,h)\tilde{u} = \begin{bmatrix} -A_k^{-1}(h)B_k(h)G(t+kh)z_1 \\ 0 \\ \vdots \\ 0 \end{bmatrix},$$

$$\tilde{B}_1(h)\tilde{G}(t)\tilde{u} = \begin{bmatrix} -A_k^{-1}(h)\sum_{\nu=0}^{k-1} B_\nu(h)G(t+\nu h)z_{k-\nu} \\ 0 \\ \vdots \\ 0 \end{bmatrix}.$$

Aufgrund der Voraussetzung (H3) gibt es nun auf $\mathfrak{M}$ definierte Funktionale $\kappa_1(u)$ und $\kappa_2(u)$ mit der Eigenschaft

$$\|A_k^{-1}(h)u\| \leq \kappa_1(u), \ \|B_\nu(h)u\| \leq \kappa_2(u) \quad (\nu = 0,\ldots,k)$$
$$\forall\, h \in [0,h_o].$$

Folglich gibt es nach dem Prinzip der gleichmäßigen Beschränktheit (S.59) positive Konstanten a und b mit

$$\|A_k^{-1}(h)\| \leq a, \ \|B_\nu(h)\| \leq b \quad (\nu = 0,\ldots,k)$$
$$\forall\, h \in [0,h_o],$$

so daß

$$\|\tilde{B}_o(t,h)\tilde{u}-\tilde{B}_o(t,h)\tilde{v}\| \leq abL_G \cdot \|\tilde{u}-\tilde{v}\|$$
$$\|\tilde{B}_1(h)\tilde{G}(t)\tilde{u}-\tilde{B}_1(h)\tilde{G}(t)\tilde{v}\| \leq abL_G \cdot \|\tilde{u}-\tilde{v}\| \tag{2}$$
$$\forall\ u,v \in \mathfrak{M}^k$$

resultiert.

Wir wollen nun zunächst die gleichgradige Lipschitzstetigkeit der $\prod_{\nu=m}^{n-1} \tilde{C}(\nu h,h)$ für alle $(n+k-1)h$ gewisser Teilintervalle $[0,T_s]$ mit

$$T_s := \min\left\{T, \frac{2^s}{4abcL_G(2c+1)}\right\}, \quad s \in N \quad \{0\} \tag{3}$$

zeigen. Wir beschränken uns dabei auf Schrittweiten $h \in [0,h_1]$, wobei

$$h_1 := \min\left\{h_o, \frac{1}{2abcL_G}\right\}. \tag{4}$$

Für jedes n, jedes m mit $0 \leq m \leq n-1$, jedes $t \in [0,T]$ und jedes $h \in [0,h_1]$ mit $(n+k-1)h \in [0,T_o]$ und $t+(n+k-1)h \in [0,T]$ gilt dann folgende Beziehung

$$\left\|\prod_{\nu=m}^{n-1}\tilde{C}(t+\nu h,h)\tilde{u} - \prod_{\nu=m}^{n-1}\tilde{C}(t+\nu h,h)\tilde{v}\right\| \leq (2c+1)\|\tilde{u}-\tilde{v}\|. \tag{5}$$

Der Beweis von (5) wird durch vollständige Induktion geliefert:

Für n = m ist diese Beziehung trivialerweise richtig. Gilt sie bis zu einer oberen Multiplikationsgrenze n - 2 (n-2 ≥ m-1), so folgt

$$\|\prod_{\nu=m}^{n-1}\tilde{C}(t+\nu h,h)\tilde{u} - \prod_{\nu=m}^{n-1}\tilde{C}(t+\nu h,h)\tilde{v}\| \leq \|\tilde{A}^{n-m}(h)\tilde{u}-\tilde{A}^{n-m}(h)\tilde{v}\| +$$

$$+ h\sum_{\mu=m}^{n-2}\|\tilde{A}^{n-1-\mu}(h)\tilde{B}_o(t+\mu h,h)\prod_{\nu=m}^{\mu}\tilde{C}(t+\nu h,h)\tilde{u}-$$

$$-\tilde{A}^{n-1-\mu}(h)\tilde{B}_o(t+\mu h,h)\prod_{\nu=m}^{\mu}\tilde{C}(t+\nu h,h)\tilde{v}\| +$$

$$+ h\|\tilde{A}^{o}(h)\tilde{B}_o(t+(n-1)h,h)\prod_{\nu=m}^{n-1}\tilde{C}(t+\nu h,h)\tilde{u}-$$

$$-\tilde{A}^{o}(h)\tilde{B}_o(t+(n-1)h,h)\prod_{\nu=m}^{n-1}\tilde{C}(t+\nu h,h)\tilde{v}\| +$$

$$+ h\sum_{\mu=m}^{n-1}\|\tilde{A}^{n-1-\mu}(h)\tilde{B}_1(h)\tilde{G}(t+\mu h,h)\prod_{\nu=m}^{\mu-1}\tilde{C}(t+\nu h,h)\tilde{u}-$$

$$-\tilde{A}^{n-1-\mu}(h)\tilde{B}_1(h)\tilde{G}(t+\mu h,h)\prod_{\nu=m}^{\mu-1}\tilde{C}(t+\nu h,h)\tilde{v}\|.$$

Aufgrund der Linearität des Operators $\tilde{A}(h)$ ergibt sich

$$\|\prod_{\nu=m}^{n-1}\tilde{C}(t+\nu h,h)\tilde{u} - \prod_{\nu=m}^{n-1}\tilde{C}(t+\nu h,h)\tilde{v}\| \leq \|\tilde{A}^{n-m}(h)\|\|\tilde{u}-\tilde{v}\| +$$

$$+ h\sum_{\mu=m}^{n-2}\|\tilde{A}^{n-1-\mu}(h)\|\|\tilde{B}_o(t+\mu h,h)\prod_{\nu=m}^{\mu}\tilde{C}(t+\nu h,h)\tilde{u}-$$

$$-\tilde{B}_o(t+\mu h,h)\prod_{\nu=m}^{\mu}\tilde{C}(t+\nu h,h)\tilde{v}\| +$$

$$+ h\|\tilde{A}^{o}(h)\|\|\tilde{B}_o(t+(n-1)h,h)\prod_{\nu=m}^{n-1}\tilde{C}(t+\nu h,h)\tilde{u}-$$

$$-\tilde{B}_o(t+(n-1)h,h)\prod_{\nu=m}^{n-1}\tilde{C}(t+\nu h,h)\tilde{v}\| +$$

$$+ h\sum_{\mu=m}^{n-1}\|\tilde{A}^{n-1-\mu}(h)\|\|\tilde{B}_1(h)\tilde{G}(t+\mu h,h)\prod_{\nu=m}^{\mu-1}\tilde{C}(t+\nu h,h)\tilde{u}-$$

$$-\tilde{B}_1(h)\tilde{G}(t+\mu h,h)\prod_{\nu=m}^{\mu-1}\tilde{C}(t+\nu h,h)\tilde{v}\|.$$

Mit (2) und der vorausgesetzten Stabilität folgt

$$\|\prod_{\nu=m}^{n-1}\tilde{C}(t+\nu h,h)\tilde{u} - \prod_{\nu=m}^{n-1}\tilde{C}(t+\nu h,h)\tilde{v}\| \leq c\|\tilde{u}-\tilde{v}\| +$$

$$+ habcL_G\sum_{\mu=m}^{n-2}\|\prod_{\nu=m}^{\mu}\tilde{C}(t+\nu h,h)\tilde{u}-\prod_{\nu=m}^{\mu}\tilde{C}(t+\nu h,h)\tilde{v}\| +$$

$$+ habL_G\|\prod_{\nu=m}^{n-1}\tilde{C}(t+\nu h,h)\tilde{u}-\prod_{\nu=m}^{n-1}\tilde{C}(t+\nu h,h)\tilde{v}\| +$$

$$+ habcL_G\sum_{\mu=m}^{n-1}\|\prod_{\nu=m}^{\mu-1}\tilde{C}(t+\nu h,h)\tilde{u}-\prod_{\nu=m}^{\mu-1}\tilde{C}(t+\nu h,h)\tilde{v}\|$$

und daher unter Ausnutzung der Induktionsvoraussetzung

$$(1-habL_G)\,\Big\|\prod_{\nu=m}^{n-1}\tilde{C}(t+\nu h,h)\tilde{u}-\prod_{\nu=m}^{n-1}\tilde{C}(t+\nu h,h)\tilde{v}\Big\| \le$$

$$\le (c+habcL_G((n-1-m)+(n-m))(2c+1))\|\tilde{u}-\tilde{v}\|.$$

Da nach (4)

$$h \le \frac{1}{2abcL_G} \text{ und damit } 1-habL_G \ge 1-\frac{1}{2c} \ge \frac{1}{2},$$

ergibt sich

$$\Big\|\prod_{\nu=m}^{n-1}\tilde{C}(t+\nu h,h)\tilde{u}-\prod_{\nu=m}^{n-1}\tilde{C}(t+\nu h,h)\tilde{v}\Big\| \le$$

$$\le 2(c+habcL_G(2n-1-2m)(2c+1))\|\tilde{u}-\tilde{v}\|$$

$$\le 2(c+abcL_G 2T_o(2c+1))\|\tilde{u}-\tilde{v}\|$$

$$\le (2c+1)\|\tilde{u}-\tilde{v}\|,$$

womit (5) bewiesen ist.

Setzt man in (5) $t = 0$, so folgt die Aussage des Hilfssatzes für alle $(n+k-1)h \in [0,T_o]$. Im Falle $T_o = T$ ist damit der Hilfssatz vollständig bewiesen. Ist $T_o < T$, so schränken wir die Schrittweiten nochmals ein und nehmen nun $h \in [0,h_2]$ mit

$$h_2 := \min\left\{h_1, \frac{T_o}{2k+1}\right\}. \qquad (6)$$

Für jedes n, jedes m mit $0 \le m \le n-1$, jedes $t \in [0,T]$ und jedes $h \in [0,h_2]$ mit $(n+k-1)h \in [0,T_1]$ und $t+(n+k-1)h \in [0,T]$ gilt dann die Beziehung

$$\Big\|\prod_{\nu=m}^{n-1}\tilde{C}(t+\nu h,h)\tilde{u}-\prod_{\nu=m}^{n-1}\tilde{C}(t+\nu h,h)\tilde{v}\Big\| \le (2c+1)^{r+1}\|\tilde{u}-\tilde{v}\| \qquad (7)$$

mit

$$r := \left[\frac{n}{\left[\frac{n+k}{2}\right]-k}\right] \text{ [1]}.$$

---

[1] $[p] := \max\{x : x \in \mathbb{Z},\ x \le p\}$

Beweis:

Wir können uns auf $n \geq k+3$ beschränken, weil anderenfalls $(n+k-1)h \leq T_o$ gemäß (6) ausfällt. Es folgt dann

$$\prod_{\nu=m}^{n-1} \tilde{C}(t+\nu h,h) = \prod_{\nu=r\left(\left[\frac{n+k}{2}\right]-k\right)}^{n-1} \tilde{C}(t+\nu h,h) \prod_{\nu=(r-1)\left(\left[\frac{n+k}{2}\right]-k\right)}^{r\left(\left[\frac{n+k}{2}\right]-k\right)-1} \tilde{C}(t+\nu h,h) \ldots$$

$$\prod_{\nu=\left[\frac{n+k}{2}\right]-k}^{2\left(\left[\frac{n+k}{2}\right]-k\right)-1} \tilde{C}(t+\nu h,h) \prod_{\nu=m}^{\left[\frac{n+k}{2}\right]-k-1} \tilde{C}(t+\nu h,h) =$$

$$\prod_{\nu=0}^{n-r\left(\left[\frac{n+k}{2}\right]-k\right)-1} \tilde{C}(\tau_r+\nu h,h) \prod_{\nu=0}^{\left[\frac{n+k}{2}\right]-k-1} \tilde{C}(\tau_{r-1}+\nu h,h) \ldots$$

$$\prod_{\nu=0}^{\left[\frac{n+k}{2}\right]-k-1} \tilde{C}(\tau_1+\nu h,h) \prod_{\nu=0}^{\left[\frac{n+k}{2}\right]-k-1} \tilde{C}(\tau_o+\nu h,h)$$

$$\text{mit } \tau_p := t+p\left(\left[\frac{n+k}{2}\right]-k\right)h,$$
$$p = 0,\ldots,r.$$

Es ist offenbar $\left(n-r\left(\left[\frac{n+k}{2}\right]-k\right)+k-1\right)h \in [0,T_o]$ und auch $\left(\left[\frac{n+k}{2}\right]-1\right)h \in [0,T_o]$. Damit kann auf jedes der rechts stehenden Produkte das Ergebnis (5) angewandt werden, so daß sofort die Beziehung (7) resultiert. Hierbei bewährte sich, daß wir (5) nicht nur für $t = 0$ bewiesen haben. Wir merken an, daß r beschränkt ist:

$$r \leq 2k + 6.$$

Setzt man nun in der Beziehung (7) $t = 0$, so ist die Aussage des Hilfssatzes für alle $(n+k-1)h \in [0,T_1]$ und daher im Falle $T_1 = T$ vollständig bewiesen. Im Falle $T_1 < T$ beweist man dann mit der gleichen Methode:

Für jedes n, jedes m mit $0 \leq m \leq n-1$, jedes $t \in [0,T]$ und jedes $h \in [0,h_2]$ mit $(n+k-1)h \in [0,T_2]$ und $t+(n+k-1)h \in [0,T]$ gilt die folgende Beziehung

$$\| \prod_{\nu=m}^{n-1} \tilde{C}(t+\nu h,h)\tilde{u} - \prod_{\nu=m}^{n-1} \tilde{C}(t+\nu h,h)\tilde{v} \| \leq (2c+1)^{(r+1)^2} \| \tilde{u}-\tilde{v} \| .$$

....

So fortfahrend haben wir dann nach endlich vielen Intervallverdoppelungen schließlich das Intervall $[0,T]$ ausgeschöpft. Sei etwa $T_{s_0} = T$.

Für jedes n, jedes m mit $0 \leq m \leq n-1$, jedes $t \in [0,T]$ und jedes $h \in [0,h_2]$ mit $(n+k-1)h \in [0,T]$ und $t+(n+k-1)h \in [0,T]$ gilt dann folgende Beziehung

$$\| \prod_{\nu=m}^{n-1} \tilde{C}(t+\nu h,h)\tilde{u} - \prod_{\nu=m}^{n-1} \tilde{C}(t+\nu h,h)\tilde{v} \| \leq (2c+1)^{(r+1)^{s_0}} \| \tilde{u}-\tilde{v} \| \quad (8)$$

$$=: c_0 \| \tilde{u}-\tilde{v} \| .$$

Setzt man in dieser Beziehung $t = 0$, so ist die Aussage des Hilfssatzes bewiesen. [1])

Zum Nachweis der L-Konvergenz des Differenzenverfahrens gebe man sich nun bei beliebig festem $t \in [0,T]$ eine Folge natürlicher Zahlen $\{n_j\} \to \infty$ und eine Schrittweitennullfolge $\{h_j\}$ vor mit $\{(n_j+k-1)h_j\} \subset [0,T]$ und $\{n_j h_j\} \to t$. Bei beliebigem festen $u_0 \in \tilde{\mathfrak{D}}_G$ existiert dann zu beliebigem $\varepsilon > 0$ ein $j_0 \in \mathbb{N}$, so daß für alle $j \geq j_0$ gilt

---

[1]) Dieser Hilfssatz läßt sich auch aus einem auf anderen Beweistechniken fußenden Ergebnis von Spijker [36] herleiten.

$$\|\prod_{\nu=0}^{n_j-1}\tilde{C}(\nu h_j,h_j)\tilde{u}_o^* - \tilde{E}_o(t,0)\tilde{u}_o^*\| \leq$$

$$\leq \varepsilon + \|\prod_{\nu=0}^{n_j-1}\tilde{C}(\nu h_j,h_j)\tilde{u}_o^* - \tilde{E}_o(n_jh_j,h_j)\tilde{u}_o^*\| \ ^{1)}$$

$$\leq \varepsilon + \|\prod_{\nu=0}^{n_j-1}\tilde{C}(\nu h_j,h_j)\tilde{u}_o^* - \prod_{\nu=n_j-1}^{n_j-1}\tilde{C}(\nu h_j,h_j)\tilde{E}_o((n_j-1)h_j,h_j)\tilde{u}_o^*\| +$$
$$+\|\prod_{\nu=n_j-1}^{n_j-1}\tilde{C}(\nu h_j,h_j)\tilde{E}_o((n_j-1)h_j,h_j)\tilde{u}_o^* - \tilde{E}_o(n_jh_j,h_j)\tilde{u}_o^*\|$$

$$\leq \varepsilon + \|\prod_{\nu=0}^{n_j-1}\tilde{C}(\nu h_j,h_j)\tilde{u}_o^* - \prod_{\nu=n_j-1}^{n_j-1}\tilde{C}(\nu h_j,h_j)\tilde{E}_o((n_j-1)h_j,h_j)\tilde{u}_o^*\| +$$
$$+ 1c_o\varepsilon h_j \ ^{2)}$$

$$\leq \varepsilon + \|\prod_{\nu=0}^{n_j-1}\tilde{C}(\nu h_j,h_j)\tilde{u}_o^* - \prod_{\nu=n_j-2}^{n_j-1}\tilde{C}(\nu h_j,h_j)\tilde{E}_o((n_j-2)h_j,h_j)\tilde{u}_o^*\| +$$
$$+\|\prod_{\nu=n_j-2}^{n_j-1}\tilde{C}(\nu h_j,h_j)\tilde{E}_o((n_j-2)h_j,h_j)\tilde{u}_o^* -$$
$$- \prod_{\nu=n_j-1}^{n_j-1}\tilde{C}(\nu h_j,h_j)\tilde{E}_o((n_j-1)h_j,h_j)\tilde{u}_o^*\| + 1c_o\varepsilon h_j$$

$$\leq \varepsilon + \|\prod_{\nu=0}^{n_j-1}\tilde{C}(\nu h_j,h_j)\tilde{u}_o^* - \prod_{\nu=n_j-2}^{n_j-1}\tilde{C}(\nu h_j,h_j)\tilde{E}_o((n_j-2)h_j,h_j)\tilde{u}_o^*\| +$$
$$+ 2c_o\varepsilon h_j \ ^{2)}\ ^{3)}$$

....

$$\leq \varepsilon + n_jc_o\varepsilon h_j + \|\prod_{\nu=0}^{n_j-1}\tilde{C}(\nu h_j,h_j)\tilde{u}_o^* - \prod_{\nu=0}^{n_j-1}\tilde{C}(\nu h_j,h_j)\tilde{E}_o(0,h_j)\tilde{u}_o^*\|$$
$$\leq \varepsilon + \varepsilon c_oT + c_o\|\tilde{E}_o(0,h_j)\tilde{u}_o^*-\tilde{u}_o^*\| \ ^{3)}$$
$$\leq \varepsilon + \varepsilon c_oT + \varepsilon c_o \ ^{1)}.$$

Mithin konvergiert $\{\prod_{\nu=0}^{n_j-1}\tilde{C}(\nu h_j,h_j)\}$ gegen $\tilde{E}_o(t,0)$ auf $(\mathfrak{D}_G)_o^k$. Da $\mathfrak{M}$ nach Voraussetzung vollständig ist, konvergiert $\{\prod_{\nu=0}^{n_j-1}\tilde{C}(\nu h_j,h_j)\}$ sogar stetig gegen eine Erweiterung $\tilde{E}\ (t,0)$ des Operators $\tilde{E}_o(t,0)$ auf $(\mathfrak{U}_G)_o^k$ gemäß Satz 4 in Abschnitt 3.3 (S.49).

---

1) Aufgrund der Stetigkeit der durch $E_o(t)u_o$ bei jeweils festem $u_o \in \mathfrak{D}_G$ vermittelten Abbildung von $[0,T]$ in $\mathfrak{M}$.

2) Wegen Konsistenz auf $\mathfrak{D}_G$ und wegen $c_o \geq 1$.

3) Wegen (8).

Nach Satz 5 des gleichen Abschnitts (S.51) ist damit auch die Existenz verallgemeinerter Lösungen gewährleistet.

Sei nun α ein beliebiges auf $\mathfrak{U}_G$ zulässiges Verfahren. Dann ordnet α jedem $u_o \in \mathfrak{U}_G$ ein $\tilde{u}_o(h) \in \mathfrak{M}^k$ zu mit

$$\lim_{h\to 0} \tilde{u}_o(h) = \tilde{u}_o^* \in (\mathfrak{U}_G)_o^k. \qquad (9)$$

Dann folgt mit (8)

$$\|\prod_{\nu=0}^{n_j-1} \tilde{C}(\nu h_j,h_j)\tilde{u}_o(h_j) - \tilde{E}(t,0)\tilde{u}_o^*\|$$
$$\le \|\prod_{\nu=0}^{n_j-1} \tilde{C}(\nu h_j,h_j)\tilde{u}_o(h_j) - \prod_{\nu=0}^{n_j-1} \tilde{C}(\nu h_j,h_j)\tilde{u}_o^*\| +$$
$$+ \|\prod_{\nu=0}^{n_j-1} \tilde{C}(\nu h_j h_j)\tilde{u}_o^* - \tilde{E}(t,0)\tilde{u}_o^*\|$$
$$\le c_o \|\tilde{u}_o(h_j) - \tilde{u}_o^*\| + \|\prod_{\nu=0}^{n_j-1} \tilde{C}(\nu h_j,h_j)\tilde{u}_o^* - \tilde{E}(t,0)\tilde{u}_o^*\|.$$

Die zuvor bewiesene Konvergenzaussage und (9) liefern

$$\lim_{j\to\infty} \|\prod_{\nu=0}^{n_j-1} \tilde{C}(\nu h_j,h_j)\tilde{u}_o(h_j) - \tilde{E}(t,0)\tilde{u}_o^*\| =$$
$$\lim_{j\to\infty} \|\prod_{\nu=0}^{n_j-1} \tilde{C}(\nu h_j,h_j)\tilde{u}_o^* - \tilde{E}(t,0)\tilde{u}_o^*\| = 0, \text{ d. h.}$$
$$\lim_{j\to\infty} \prod_{\nu=0}^{n_j-1} \tilde{C}(\nu h_j,h_j)\tilde{u}_o(h_j) = \tilde{E}(t,0)\tilde{u}_o^* \quad \forall\, u_o \in \mathfrak{U}_G.$$

Dies gilt bei beliebigem $t \in [0,T]$ für jede Folge $\{n_j\} \to \infty$ und $\{h_j\} \to 0$ mit $\{(n_j+k-1)h_j\} \subset [0,T]$ und $\{n_j h_j\} \to t$, sowie für jedes auf $\mathfrak{U}_G$ zulässige Verfahren α. Also ist das Verfahren auf $\mathfrak{U}_G$ L-konvergent.

Bemerkung:

Da die L-Stabilität des Differenzenverfahrens nicht von der Operatorenschar $\{G(t)\}$ abhängt, ist das Verfahren genau dann L-konvergent, wenn es für die zugehörige lineare Aufgabe L-konvergent ist (sofern man L-Konvergenz als L-Konvergenz für <u>jede</u> lipschitzstetige Schar $\{G(t)\}$ versteht).

5\. 3. Spezialisierungen.

1. Für $G(t) \equiv \Theta$ erhält man den Äquivalenzsatz von Lax (S.62).

2. Für $G(t)u = g(t)$, d. h. für den inhomogenen linearen Fall, und $k = 1$ wurde der Äquivalenzsatz bereits von Stetter [38] bewiesen.

3. Thompson [42] [1]) bewies auf anderem Wege die zweite Richtung des Äquivalenzsatzes für explizite Einschrittverfahren bei ungestörtem u_0.

4. Ames [1] merkte unbewiesen an, daß bei der Approximation der halblinearen Wärmeleitungsgleichung mit expliziten Mehrschrittverfahren die Stabilität und Konsistenz des zugehörigen linearen Verfahrens die Konvergenz des halblinearen Verfahrens nach sich zieht.

5. Der Fall $F \equiv \Theta$ enthält insbesondere gewöhnliche nichtlineare DGL erster Ordnung

$$u' = G(t)u =: g(t,u), \quad 0 \leq t \leq T,$$

$$u(0) = u_0$$

in $\mathfrak{M} = \mathbb{R}$. Die Operatoren $A_\nu(h)$ und $B_\nu(h)$ sind dann von h unabhängige reelle Faktoren. Das Verfahren hat die Form

$$\sum_{\nu=0}^{k} A_\nu u_{n+\nu} + h \sum_{\nu=0}^{k} B_\nu g(t_{n+\nu}, u_{n+\nu}) = 0.$$

---

[1]) In der englischsprachigen Literatur wird nicht immer konsequent zwischen den Bezeichnungen "semilinear" und "quasilinear" unterschieden.

Nach Definition ist es genau dann L-stabil auf $\mathbb{R}$, wenn die Norm der Matrizen

$$\tilde{A}^n = \begin{bmatrix} -A_k^{-1}A_{k-1} \cdots & -A_k^{-1}A_1 & -A_k^{-1}A_o \\ 1 \cdot. & \Theta & \Theta \\ & \ddots & \vdots \\ \Theta & \quad 1 & \Theta \end{bmatrix}^n$$

für alle n beschränkt bleibt.

Dies ist aber genau dann der Fall, wenn die Eigenwerte von $\tilde{A}$ dem Betrage nach nicht größer sind als 1 und die vom Betrage 1 nur einfache Elementarteiler besitzen.

Nun ist $\tilde{A}$ eine Begleitmatrix mit dem charakteristischen Polynom

$$\chi(\lambda) = (-1)^k A_k^{-1} \varrho(\lambda) \quad \text{mit} \quad \varrho(\lambda) = A_o + A_1\lambda + \ldots + A_k\lambda^k.$$

Deshalb besitzt ein Eigenwert von $\tilde{A}$ nur genau dann einfache Elementarteiler, wenn er einfach ist (vergleiche z. B. [47], S.187 ff.). Demzufolge ist das Verfahren genau dann L-stabil auf $\mathbb{R}$, wenn keine Wurzel von $\varrho(\lambda)$ außerhalb des Einheitskreises liegt und die auf dem Einheitskreis liegenden Wurzeln einfach sind [1]).

Diese Eigenschaft der Wurzeln von $\varrho(\lambda)$ nannte Dahlquist [15] "Stabilität", so daß der Stabilitätsbegriff von Dahlquist also mit dem hier verwendeten Stabilitätsbegriff im Falle gewöhnlicher DGL erster Ordnung äquivalent ist.

---

[1]) Vergleiche auch M. Urabe [45].

Notwendig und hinreichend für die Konvergenz konsistenter Verfahren zur Lösung gewöhnlicher Differentialgleichungen erster Ordnung ist somit, daß keine Wurzel von $\rho(\lambda)$ außerhalb des Einheitskreises liegt und die auf dem Einheitskreis liegenden Wurzeln einfach sind.

Diese Betrachtung kann ohne Schwierigkeit auf Systeme gewöhnlicher Differentialgleichungen erster Ordnung erweitert werden und liefert so den Konvergenzsatz von Dahlquist [15] [1].

5.4. Abschwächung der Voraussetzungen.

1. Abschwächung für den ersten Teil des Äquivalenzsatzes:

Aufgrund der Zurückführung des ersten Teils des Äquivalenzsatzes für halblineare Probleme auf den ersten Teil des Äquivalenzsatzes für lineare Probleme gelten zunächst auch hier die die Voraussetzungen abschwächenden Anmerkungen von Seite 64.

Diese Zurückführung auf den ersten Teil des Äquivalenzsatzes für lineare Probleme geschah durch die Forderung, daß das Verfahren für jede gleichgradig lipschitzstetige

---

1) Vergleiche auch P. Henrici [20], S. 217 - 225 und 235 - 246.

Schar $\{G(t)\}$ L-konvergent sein sollte. Unter gewissen Bedingungen reicht aber die Konvergenz des Verfahrens für nur eine gleichgradig lipschitzstetige Schar $\{G(t)\}$ zum Nachweis der Stabilität schon aus. Dazu der folgende

<u>Satz 2</u> (vergleiche [3]):

$$u_t = Fu + G(t)u, \quad 0 \leq t \leq T,$$
$$u(0) = u_0$$

besitze in dem Banachraum $\mathfrak{M}$ verallgemeinerte Lösungen für alle $u_0 \in \mathfrak{M}$. Die Schar $\{G(t)\}$ habe die Eigenschaft $\|G(t)u - G(t)v\| \leq L_1\|u-v\| \quad \forall\, u,v \in \mathfrak{M}, \quad \forall\, t \in [0,T]$ sowie $\|G(t)\bar{u}\| \leq L_2$ für mindestens ein $\bar{u} \in \mathfrak{M}$ und für alle $t \in [0,T]$ mit gewissen Konstanten L_1 und L_2. Dann ist das für diese Schar $\{G(t)\}$ stetig-konvergente Einschrittverfahren auf $\mathfrak{M}$

$$u_n = \prod_{\nu=0}^{n-1} C(\nu h,h)u_0$$
$$\text{mit } C(t,h) = -A_0(h) - hG(t)$$

auch L-stabil auf $\mathfrak{M}$.

Beweis:

Durch vollständige Induktion erhält man die Beziehung

$$(-A_0(h))^n = \prod_{\nu=0}^{n-1} C(\nu h,h) + h \sum_{\mu=0}^{n-1} A_0^{n-1-\mu}(h)G(\mu h) \prod_{\nu=0}^{\mu-1} C(\nu h,h),$$

wobei wir das leere Produkt der Identität gleichsetzen. Mit Hilfe der Dreiecksungleichung erhält man hieraus

$$\|A_0^n(h)\| \leq \|\prod_{\nu=0}^{n-1} C(\nu h,h)\| + \\ + h \sum_{\mu=0}^{n-1} \|A_0^{n-1-\mu}(h)\|\cdot\|G(\mu h) \prod_{\nu=0}^{\mu-1} C(\nu h,h)\| \qquad (10)$$
$$n = 1,2,\ldots\,.$$

Da nach Voraussetzung das Verfahren stetig-konvergent auf $\mathfrak{M}$ ist, gibt es nach dem Satz von Lax (S.45) ein Funktional $\kappa_1(u)$ auf $\mathfrak{M}$ mit der Eigenschaft

$$\left\| \prod_{\nu=0}^{n-1} C(\nu h,h)u \right\| \leq \kappa_1(u) \quad \forall\, u \in \mathfrak{M} \text{ und } \forall\, nh \in [0,T].$$

Überdies gilt $\|G(t)v\| \leq \|G(t)v - G(t)\bar{u}\| + \|G(t)\bar{u}\| \leq$

$$\leq L_1 \cdot \|v-\bar{u}\| + L_2 \leq L_1\|v\| + L_1\|\bar{u}\| + L_2 \quad \forall\, v \in \mathfrak{M} \text{ und } \forall\, t \in [0,T],$$

d. h. $\left\| G(\mu h) \prod_{\nu=0}^{\mu-1} C(\nu h,h)u \right\| \leq L_1 \kappa_1(u) + L_1\|\bar{u}\| + L_2 =: \kappa_2(u)$

$\forall\, u \in \mathfrak{M}$ und $\forall\, \mu h \in [0,T]$. Folglich gilt nach (10)

$$\|A_o^n(h)u\| \leq \kappa_1(u) + h\sum_{\mu=0}^{n-1} \|A_o^{n-1-\mu}(h)\|\, \kappa_2(u) \qquad (11)$$

$$\forall\, u \in \mathfrak{M},\ \forall\, nh \in [0,T],\ n = 1,2,\ldots,$$

speziell für n = 1 demnach

$$\|A_o(h)u\| \leq \kappa_1(u) + T \cdot \kappa_2(u) =: \kappa_3(u) \quad \forall\, h \in [0,T].$$

Aufgrund des Prinzips der gleichmäßigen Beschränktheit (S. 59) existiert demzufolge ein $c_1 \geq 1$ mit

$$\sup_{0 \leq h \leq T} \|A_o(h)\| = c_1.$$

Aus (11) folgt daher für n = 2

$$\|A_o^2(h)u\| \leq \kappa_1(u) + h(1+c_1)\kappa_2(u) \leq \kappa_1(u) + 2hc_1\kappa_2(u) \leq$$

$$\leq \kappa_1(u) + T \cdot \kappa_2(u) = \kappa_3(u) \quad \forall\, 2h \in [0,\tfrac{T}{c_1}]$$

Nach dem Prinzip der gleichmäßigen Beschränktheit gibt es demzufolge ein $\bar{c}_2 > 0$ mit der Eigenschaft

$$\sup_{0 \leq 2h \leq \frac{T}{c_1}} \|A_o^2(h)\| = \bar{c}_2.$$

Setze $\quad c_2 := \max(c_1, \bar{c}_2).$

Dann ergibt (11) für n = 3

$$\|A_o^3(h)u\| \leq \kappa_1(u) + h(1+c_1+c_2)\kappa_2(u) \leq \kappa_1(u) + 3hc_2\kappa_2(u) \leq$$

$$\leq \kappa_1(u) + T \cdot \kappa_2(u) = \kappa_3(u) \quad \forall\, 3h \in [0,\tfrac{T}{c_2}].$$

Nach dem Prinzip der gleichmäßigen Beschränktheit existiert demnach ein $\bar{c}_3 > 0$ mit der Eigenschaft

$$\sup_{0 \leq 3h \leq \frac{T}{c_2}} \| A_o^3(h) \| = \bar{c}_3 .$$

Setze
$$c_3 := \max (c_2, \bar{c}_3).$$

....

Auf diese Weise fortfahrend erhält man allgemein:

$$\| A_o^n(h) u \| = \kappa_3(u) \quad \forall \; nh \in [0, \frac{T}{c_{n-1}}]$$

$$\sup_{0 \leq nh \leq \frac{T}{c_{n-1}}} \| A_o^n(h) \| = \bar{c}_n ,$$

$$c_n := \max (c_{n-1}, \bar{c}_n).$$

Die Folge $\{c_n\}$ ist beschränkt. Wäre dies nicht der Fall, so betrachte man die Operatorenmenge

$$P := \{A_o^n(h) \; : \; nh \in [0, \frac{T}{c_{n-1}}] \; , \; n = 1,2,...\}.$$

Da nach Konstruktion $\|Du\| \leq \kappa_3(u)$ für alle $D \in P$, gibt es nach dem Prinzip der gleichmäßigen Beschränktheit ein $c \geq 1$ mit der Eigenschaft

$$\sup_{D \in P} \| D \| = c.$$

Offenbar ist $c \geq c_n$ für alle $n \in N$, woraus ein Widerspruch resultiert. Da $\{c_n\}$ nach Konstruktion auch isoton ist, folgt überdies

$$\lim_{n \to \infty} c_n = c$$

und damit

$$\| A_o^n(h) \| \leq c \quad \forall \; nh \in [0, \frac{T}{c}]. \tag{12}$$

Ist $c = 1$, so ist der Satz bewiesen. Für $c > 1$ wird die Stetigkeitsaussage nunmehr in ähnlicher Weise auf das ganze Intervall $[0,T]$ ausgedehnt wie beim Hilfssatz im zweiten Teil des Äquivalenzsatzes für halblineare Aufgaben. Wir verwenden dazu neben der Beziehung (12) noch die schon weiter oben gefundene Relation

$$\|A_o(h)\| \leq c \quad \forall h \quad [0,T]. \tag{13}$$

Wähle ein $r \in \mathbb{N}$ so, daß

$$2^{r-1} \leq c < 2^r. \tag{14}$$

Mit $\frac{T}{c} = T^*$ folgt

$$2^{r-1}T^* \leq T < 2^rT^*. \tag{15}$$

Zerlegt man n in der Form $n = \left[\frac{n}{2}\right]+\left[\frac{n-1}{2}\right]+1$ und damit

$$A_o^n(h) = A_o^{[\frac{n}{2}]}(h)A_o^{[\frac{n-1}{2}]}(h)A_o(h),$$

so ergibt sich

$$\|A_o^n(h)\| \leq \|A_o^{[\frac{n}{2}]}(h)\|\,\|A_o^{[\frac{n-1}{2}]}(h)\|\,\|A_o(h)\| \leq c^2\cdot c = c^{2^2-1}$$

$\forall\ nh \in [0,2T^*]\cap[0,T]$ nach (12) (13), da $\left[\frac{n}{2}\right]h \in [0,T^*]\cap[0,T]$.

Hieraus folgt

$$\|A_o^n(h)\| \leq \|A_o^{[\frac{n}{2}]}(h)\|\,\|A_o^{[\frac{n-1}{2}]}(h)\|\,\|A_o(h)\| \leq (c^{2^2-1})^2\cdot c = c^{2^3-1}$$

$\forall\ nh \in [0,2^2T^*]\cap[0,T]$ gemäß (13), da $\left[\frac{n}{2}\right]h \in [0,2T^*]\cap[0,T]$.

So fortfahrend erhält man schließlich

$$\|A_o^n(h)\| \leq \|A_o^{[\frac{n}{2}]}(h)\|\,\|A_o^{[\frac{n-1}{2}]}(h)\|\,\|A_o(h)\| \leq (c^{2^{r-1}-1})^2c = c^{2^r-1}$$

$\forall\ nh \in [0,2^rT^*]\cap[0,T]$ nach (13), da $\left[\frac{n}{2}\right]h \in [0,2^{r-1}T^*]\cap[0,T]$.

Wegen $[0,2^rT^*]\cap[0,T] = [0,T]$ (nach (15)) und $2^r \leq 2c$ (nach (14)) folgt

$$\|A_o^n(h)\| \leq c^{2c-1} \quad \forall\ nh \in [0,T].$$

Also ist das Verfahren L-stabil auf $\mathfrak{M}$.

2. Abschwächung für den zweiten Teil des Äquivalenzsatzes.

Für die Praxis wichtiger als Abschwächungen im ersten Teil des Äquivalenzsatzes ist die Frage, welche über die

Konsistenz und Stabilität hinausgehenden Voraussetzungen im zweiten Teil des Äquivalenzsatzes abgeschwächt werden können.

a. Die Voraussetzung der Vollständigkeit des normierten Raumes $\mathfrak{M}$ kann entfallen, wenn die Anwendung der Sätze von S. 49, S. 51 und S. 59 überflüssig wird. Die beiden erstgenannten Sätze benötigt man nicht, sofern man auf den Nachweis der Existenz verallgemeinerter Lösungen verzichtet und den Nachweis der L-Konvergenz des Verfahrens statt auf $\mathfrak{U}_G$ nur auf $\mathfrak{A}_G$ oder eventuell auch nur auf $\mathfrak{F}_G$ erbringt. Man kann sich nämlich dann auf den Satz von Rinow (S.46) zurückziehen, bei dem die Vollständigkeit des Raumes nicht verlangt wird. Das Prinzip der gleichmäßigen Beschränktheit (S.59) benötigt man nicht, sofern man sich beispielsweise auf explizite Verfahren mit von der Schrittweite h unabhängigen Operatoren $B_o, \ldots, B_{k-1}$ beschränkt.

b. Die Voraussetzung der g l o b a l e n gleichgradigen Lipschitzstetigkeit der Operatoren G(t) wurde lediglich einmal im Beweis des Hilfssatzes verwendet. Weist man beispielsweise nach, daß die Elemente $\prod_{\nu=0}^{n-1} \tilde{C}(\nu h,h)\tilde{u}$ für alle $(n+k-1)h \in [0,T]$ und für alle $\tilde{u}$ einer beschränkten Menge aus $\mathfrak{M}^k$ wiederum einer beschränkten Menge aus $\mathfrak{M}^k$ angehören, so kann man die Voraussetzung abschwächen auf l o k a l e gleichgradige Lipschitzstetigkeit der Operatoren G(t). Man siehe dazu das Beispiel auf Seite 53 sowie etwa Satz 6 in [2].

5.5. Schlußbemerkungen.

1. Die in einem normierten Raum $\mathfrak{M}$ behandelte halblineare DGL

$$u_t = Fu + G(t)u$$

mit einem linearen Operator F von $\mathfrak{M}_F$ in $\mathfrak{M}$ und einem nicht notwendig linearen Operator G von $\mathfrak{M}$ in $\mathfrak{M}$ ist noch nicht die allgemeinste halblineare DGL erster Ordnung (in t). Beispielsweise fällt die DGL $u_t = u_{xx} + f(x,t,u,u_x)$ im Banachraum $\mathfrak{M}$ der stetigen Funktionen nicht unter das behandelte Problem, da der Operator G(t) in diesem Falle nicht auf ganz $\mathfrak{M}$ erklärt ist. Benötigt man die Vollständigkeit nicht, so kann man durch Einschränkung des Raumes $\mathfrak{M}$ (im obigen Beispiel etwa auf $\mathfrak{M} \cap C^1$) Abhilfe schaffen. Anderenfalls kann man sich unter Umständen durch den Übergang zu einem System von Differentialgleichungen helfen.

2. Bisher wurden keine Aussagen über den globalen Fehler des Verfahrens gemacht. Man vergleiche hierzu jedoch das folgende Kapitel über die Behandlung quasilinearer DGL.[1]

---

[1]) Dort wird es sich allerdings nur um eine globale Fehlerabschätzung bei der Erfassung echter Lösungen handeln. Über verwendbare Fehlerabschätzungen bei der Approximation verallgemeinerter Lösungen ist nur wenig bekannt; für den linearen Fall $u_t = Au$ mit von t unabhängigem A vgl. [8],[30], [29a].

Weiterhin wurden bisher nur Rechenstörungen beim ersten Schritt berücksichtigt. Die Berücksichtigung von Rechenstörungen bei jedem Schritt findet sich ebenfalls im nächsten Kapitel.

3. Wir betrachten noch den bisher zurückgestellten Fall $F = F(t)$. Ist in

$$u_t = F(t)u + G(t)u$$

der Operator F noch von t abhängig, so sind auch die Operatoren A_ν und damit auch der Operator $\tilde{A}$ noch von t abhängig. Statt $\tilde{A}^n(h)$ erhält man als iterierte Differenzenoperatoren der zugehörigen linearen Aufgabe: $\prod_{\nu=0}^{n-1} \tilde{A}(\nu h,h)$.

Wie in dem von t unabhängigen Fall folgert man sofort unter den übrigen Voraussetzungen des Äquivalenzsatzes aus der L-Konvergenz die L-Stabilität des Verfahrens.

Die Beziehung (1) von S. 90 lautet im vorliegenden Fall:

$$\prod_{\nu=m}^{n-1} \tilde{C}(t+\nu h,h) =$$

$$\prod_{\nu=m}^{n-1} \tilde{A}(t+\nu h,h) + h \sum_{\mu=m}^{n-1} \prod_{\nu=m+1}^{n-1} \tilde{A}(t+\nu h,h)\{\tilde{B}_0(t+\mu h,h)\tilde{C}(t+\mu h,h) +$$

$$+ \tilde{B}_1(t+\mu h,h)\tilde{G}(t+\mu h,h) + \tilde{B}_2(t+\mu h,h)\tilde{\theta}\} \prod_{\nu=0}^{\mu-1} \tilde{C}(t+\nu h,h).$$

Der Hilfssatz und der zweite Teil des Äquivalenzsatzes bleiben mithin richtig, wenn man neben den angegebenen Voraussetzungen des Satzes die Existenz eines $c > 0$ mit $\|\prod_{\nu=m}^{n-1} \tilde{A}(t+\nu h,h)\| \leq c$ für jedes n, jedes m mit $0 \leq m \leq n-1$, jedes $t \in [0,T]$ und jedes $h \in [0,h_0]$ mit $t+(n+k-1)h \in [0,T]$ fordert.

§ 6 QUASILINEARE ANFANGSWERTAUFGABEN

6.1. Stabile Konvergenz.

Wir betrachten zunächst ein Beispiel. In dem Banachraum

$$\mathfrak{B} := \{u : u \in C^{0}_{2\pi}(\mathbb{R}),\ \|u\| = \max_{0 \leq x \leq 2\pi} |u(x)|\}$$

sei die quasilineare Anfangswertaufgabe

$$u_t = uu_x,\ 0 \leq t \leq T,$$

$$u(x,0) = u_0(x)$$

gegeben. Zur Approximation dieser AWA verwenden wir das Verfahren von Courant, Isaacson und Rees [14]

$$u_{n+1}(x) = u_n(x) + \mu u_n(x) \cdot \begin{cases} (u_n(x+\Delta x) - u_n(x)) & \text{für } u_n(x) \geq 0 \\ (u_n(x) - u_n(x-\Delta x)) & \text{für } u_n(x) < 0 \end{cases}$$

$$\text{mit } \mu := \frac{h}{\Delta x} = \text{const.}$$

Die somit durch

$$[C(h)u](x) = u(x) + \mu u(x) \cdot \begin{cases} (u(x+\Delta x) - u(x)) & \text{für } u(x) \geq 0 \\ (u(x) - u(x-\Delta x)) & \text{für } u(x) < 0 \end{cases}$$

definierten Differenzenoperatoren $C(h)$ bilden, wie man elementar nachrechnet, $\mathfrak{B}$ in sich ab. Sie sind auch stetig.

Beweis:

Sei $u(x) \geq 0$ und $v(x) \geq 0$. Dann folgt

$$|[C(h)u - C(h)v](x)| =$$

$$= |u(x) + \mu u(x)(u(x+\Delta x) - u(x)) - v(x) - \mu v(x)(v(x+\Delta x) - v(x))| =$$

$$= |u(x) - v(x) + (u(x) - v(x))\mu(u(x+\Delta x) - u(x)) -$$

$$- \mu v(x)(v(x+\Delta x) - v(x) - u(x+\Delta x) + u(x))| \leq$$

$\leq |u(x)-v(x)| + |u(x)-v(x)|\,\mu\,(|u(x+\Delta x)| + |u(x)|) +$

$+\mu|v(x)|\,(|v(x+\Delta x)-u(x+\Delta x)| + |u(x)-v(x)|) \leq$

$\leq \|u-v\| + 2\mu\|u-v\|\|u\| + 2\mu\|u-v\|\|v\| \leq$

$\leq \|u-v\| + 2\mu\|u-v\|\|u\| + 2\mu\|u-v\|(\|u\|+\|u-v\|) =$

$= (1+4\mu\|u\|)\|u-v\| + 2\mu\|u-v\|^2.$

Also ist

$$\|C(h)u-C(h)v\| \leq (1+4\mu\|u\|)\|u-v\| + 2\mu\|u-v\|^2. \qquad (1)$$

(1) gilt auch in den übrigen Fällen $u(x) \geq 0$ und $v(x) < 0$, $u(x) < 0$ und $v(x) \geq 0$, $u(x) < 0$ und $v(x) < 0$, wie man ganz analog beweist. Aus (1) folgt aber sofort die Stetigkeit des Operators $C(h)$ auf $\mathfrak{L}$.

Bemerkung:

Die gegebene AWA besitzt für alle $u_0 \in \mathfrak{A} := \mathfrak{L} \cap C^1(\mathbb{R})$ echte Lösungen (vergleiche z.B. [35] S.38).

Das Verfahren ist, wie wir noch sehen werden, mit der gegebenen AWA auf $\mathfrak{F} := \mathfrak{L} \cap C^2(\mathbb{R})$ konsistent.
$C(h)$ besitzt eine "strukturreduzierende Eigenschaft" im Sinne der Aussage $C(h)\mathfrak{A} \cap C_{\mathfrak{L}}\mathfrak{A} \neq \emptyset$.

Beweis:

Sei $u_n \in \mathfrak{A}$ eine in einer Umgebung der Null streng isotone Funktion mit $u_n(0) = 0$. Es ist dann

$$u'_{n+1}(+0) = u'_n(0)+\mu u'_n(0)\,(u_n(+\Delta x)-u_n(0))+\mu u_n(0)\,(u'_n(+\Delta x)-u'_n(0))$$
$$= u'_n(0)\,(1+\mu u_n(+\Delta x)) \text{ und}$$

$$u'_{n+1}(-0) = u'_n(0)+\mu u'_n(0)\,(u_n(0)-u_n(-\Delta x))+\mu u_n(0)\,(u'_n(0)-u'_n(-\Delta x))$$
$$= u'_n(0)\,(1-\mu u_n(-\Delta x)).$$

Ist nun nicht zufällig $u_n(+\Delta x) = - u_n(-\Delta x)$, so folgt

$$u'_{n+1}(+0) \neq u'_{n+1}(-0).$$

Bemerkungen:

Über die Existenz verallgemeinerter Lösungen im Sinne stetiger Erweiterungen der Lösungsoperatoren von $\mathfrak{A}$ auf $\mathfrak{B}$ ist im vorliegenden Falle ebenso wie bei anderen quasilinearen Fällen weder von der Theorie der DGL noch von der Funktionalanalysis her viel bekannt.

(Man kann leicht Operatoren E_o angeben, die auf einer dichten Teilmenge $\mathfrak{A}$ eines Banachraumes $\mathfrak{B}$ stetig sind und keine stetigen Erweiterungen von $\mathfrak{A}$ auf $\mathfrak{B}$ besitzen: z. B. $\mathfrak{B} = \mathbb{R}$, $\mathfrak{A} = \mathbb{R}-\{0\}$, $E_o u = u^{-1}$).

Die gleichgradige Stetigkeit der iterierten Differenzenoperatoren auf $\mathfrak{B}$ ist trotz der häufig nachweisbaren individuellen Stetigkeit auf $\mathfrak{B}$, soweit den Verfassern bekannt, bei noch keiner konsistenten Approximation einer quasilinearen Aufgabe mit in $\mathfrak{B}$ dichtem, echt in $\mathfrak{B}$ enthaltenem $\mathfrak{A}$ bewiesen worden. Sie kann nach Satz 5 (S.51) auch nicht bewiesen werden, wenn keine verallgemeinerten Lösungen auf $\mathfrak{B}$ existieren.

Somit ergibt sich für quasilineare Probleme folgende Situation (zunächst bei Benutzung von Einschrittverfahren) (vergleiche [7]):

1. Die Existenz verallgemeinerter Lösungen auf $\mathfrak{B}$ und die gleichgradige Stetigkeit der iterierten Differenzenoperatoren auf $\mathfrak{B}$ kann (trotz eventuell vorliegender

individueller Stetigkeit) nicht erwartet werden.

2. Beschränkt man sich deshalb auf den Nachweis der stetigen Konvergenz des Verfahrens auf $\mathfrak{A}$, so ist nach dem Rinowschen Satz (S.46) insbesondere die gleichgradige Stetigkeit der iterierten Differenzenoperatoren auf $\mathfrak{A}$ zu gewährleisten.

Bemerkung:

Ist das Verfahren stetig-konvergent auf $\mathfrak{A}$, gilt also

$$\lim_{j\to\infty} Q_j u_o(h_j) = E_o(t)u_o$$

$$\forall\, u_o \in \mathfrak{A} \quad \text{und} \quad \forall\, \{u_o(h_j)\} \subset \mathfrak{A} \text{ mit } \lim_{j\to\infty} u_o(h_j) = u_o,$$

und sind die iterierten Differenzenoperatoren Q_j individuell stetig auf $\mathfrak{B}$, so folgt sogar

$$\lim_{j\to\infty} Q_j u_o(h_j) = E_o(t)u_o \tag{2}$$

$$\forall\, u_o \in \mathfrak{A} \quad \text{und} \quad \forall\, \{u_o(h_j)\} \subset \mathfrak{B} \text{ mit } \lim_{j\to\infty} u_o(h_j) = u_o.$$

Der Beweis ergibt sich unmittelbar aus der Tatsache, daß sich jede Folge $\{u_o(h_j)\} \subset \mathfrak{B}$ beliebig genau durch eine Folge $\{u_o(h_j)\} \subset \mathfrak{A}$ gleichgradig approximieren läßt.

3. Der Nachweis der gleichgradigen Stetigkeit der iterierten Differenzenoperatoren wurde in halblinearen Fällen rekursiv auf etwa folgende Weise erbracht (vergleiche Hilfssatz S.88): Waren auf einer Menge $\mathfrak{N}$ (dort: $\mathfrak{N} = \mathfrak{B}$) die Operatoren $C^{n_1}(h)$ und $C^{n_2}(h)$ gleichgradig stetig, so war auf derselben Menge $\mathfrak{N}$ auch der Operator $C^{n_1+n_2}(h)$ gleichgradig stetig, wie eine Zerlegung der Form

$$C^{n_1+n_2}(h)u - C^{n_1+n_2}(h)v = C^{n_1}(C^{n_2}u) - C^{n_1}(C^{n_2}v)$$

und Ausnutzung der gleichgradigen Stetigkeit von $C^{n_1}(h)$ auf $\mathfrak{N}$ und anschließend von $C^{n_2}(h)$ auf $\mathfrak{N}$ zeigte. Dabei war wegen $\mathfrak{N} = \mathfrak{L}$ gewährleistet, daß $C^{n_2}(h)u$ und $C^{n_2}(h)v$ auch wirklich in $\mathfrak{N}$ lagen. Aufgrund der eventuell vorhandenen strukturreduzierenden Eigenschaft der Operatoren in quasilinearen Fällen [1]) ist diese oder eine analoge Schlußweise mit $\mathfrak{N} = \mathfrak{A}$ nicht mehr zulässig.

Aufgrund dieser Schwierigkeiten (die sicher nicht verringert werden, wenn man überdies noch auf Eigenschaften wie etwa die Vollständigkeit des Raumes verzichtet) scheint es notwendig, in quasilinearen Fällen selbst bei Beschränkung auf die Menge $\mathfrak{A}$ oder auch nur Teilmengen von $\mathfrak{A}$ die Forderung der stetigen Konvergenz abzuschwächen. Aus praktisch numerischen Gründen wird man diese Abschwächung nach Möglichkeit klein halten.

Die Idee der stetigen Konvergenz, angewandt auf Differenzenverfahren, läßt sich, wie bereits in Abschnitt 3.1 angedeutet, grob auch folgendermaßen interpretieren: Eine Verkleinerung der Schrittweite h zum Zwecke der Verkleinerung des Verfahrensfehlers soll von einer Verkleinerung der

---

[1]) Diese strukturreduzierende Eigenschaft muß (wie im obigen Beispiel) gelegentlich in Kauf genommen werden, um gewisse Stabilitätseigenschaften gewährleisten zu können (vergleiche S.119, Voraussetzung (Q5), und S.130, Fußnote 2)

Anfangsstörung begleitet sein, um den Gewinn an Verfahrensgenauigkeit nicht durch unveränderte Störungseinflüsse wirkungslos zu machen. Es liegt nahe zu fordern, daß diese Störungsverkleinerung mit angemessener Geschwindigkeit erfolgt, wobei "angemessen" im Hinblick auf die jeweils vorhandenen technischen Realisierungsmöglichkeiten näher zu präzisieren ist.

Ein Konvergenzbegriff dieser Art, die sogenannte stabile Konvergenz, wurde 1956 bereits von Dahlquist für Approximationen gewöhnlicher DGL definiert und später sinngemäß auch schon auf Approximationen quasilinearer hyperbolischer DGL übertragen (vergleiche z.B. [39],[43]). In geringfügiger Abwandlung der Definition von Dahlquist schwächen wir nun die "stetige Konvergenz" (in Verbindung mit (2)) zur "stabilen Konvergenz" im folgenden Sinne ab:

Definition:

Sei $\mathfrak{W}$ Teilmenge des normierten Raumes $\mathfrak{M}$. Für jedes $u_o \in \mathfrak{W}$ existiere eine eindeutig bestimmte, eventuell verallgemeinerte Lösung. Das k-Schrittverfahren

$$\tilde{u}_n = \tilde{C}(t_{n-1}, h)\tilde{u}_{n-1}$$
$$n = 1,2,\ldots$$

heißt "auf $\mathfrak{W}$ stabil-konvergent", wenn es ein $\gamma > 0$ gibt, so daß bei beliebigem $t \in [0,T]$ für jede Folge $\{n_j\} \to \infty$ und $\{h_j\} \to 0$ mit $\{(n_j+k-1)h_j\} \subset [0,T]$ und $\{n_j h_j\} \to t$ gilt:

$$\lim_{j\to\infty} \tilde{Q}_j \tilde{u}_o(h_j) = \tilde{E}(t,0)\tilde{u}_o^*$$

$$\forall\, u_o \in \mathfrak{W} \text{ und } \forall\, \{\tilde{u}_o(h_j)\} \subset \mathfrak{M}^k \text{ mit } \|\tilde{u}_o(h_j) - \tilde{u}_o^*\| = O(h_j^\gamma).$$

Bemerkung:

Man läßt also bei der stabilen Konvergenz nicht wie bei der stetigen Konvergenz jede gegen $\tilde{u}_o^*$ konvergente Folge $\{\tilde{u}_o(h_j)\}$ zu, sondern nur solche, für die die Annäherung wie eine Potenz von h_j ausfällt.

Somit ist ein auf $\mathfrak{A}$ L-konvergentes Verfahren dort gewiß auch stabil-konvergent. Wie wir im folgenden Abschnitt sehen werden, kann für bestimmte Verfahren zur Approximation quasilinearer Aufgaben die stabile Konvergenz in der Tat nachgewiesen werden. Der Begriff der stabilen Konvergenz ist daher auch bei quasilinearen Problemen sachgemäß.

Speziell für Einschrittverfahren ergibt sich so mit früheren Überlegungen (vergleiche S.66) für den Fall eines vollständigen Raumes $\mathfrak{M}$ und einer in $\mathfrak{M}$ dichten Menge $\mathfrak{D}$ folgendes Diagramm für eine problemorientierte Hierarchie von Konvergenzbegriffen [7]:

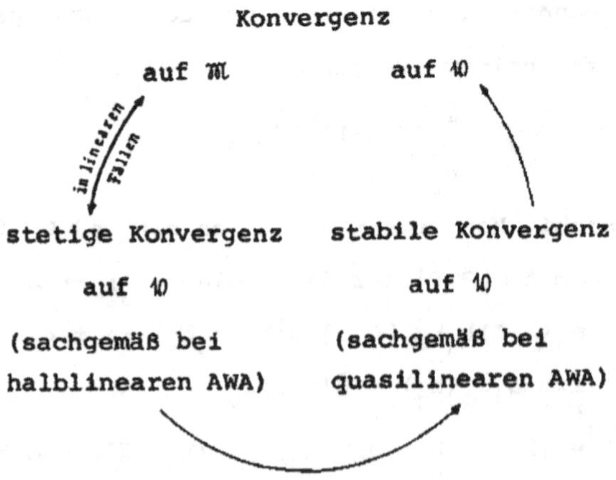

6.2. Betrachtete Differenzapproximationen für quasilineare Aufgaben.

In einem normierten Raum $\mathfrak{M}$ suchen wir eine einparametrige Schar u(t) von Elementen, die der quasilinearen Aufgabe

$$u_t = F(t,u)u + G(t)u, \quad 0 \leq t \leq T,$$
$$u(0) = u_0 \qquad (3)$$

genügt. Dabei sei G(t) ein für jedes feste $t \in [0,T]$ nicht notwendig linearer Operator von $\mathfrak{M}$ in $\mathfrak{M}$ und F(t,u) ein für jedes feste $t \in [0,T]$ und jedes feste $u \in \mathfrak{M}$ linearer Operator von $\mathfrak{M}_F$ in $\mathfrak{M}$. $\mathfrak{M}_F$ sei nicht leer und von den Variablen t und u unabhängig.

Obige Aufgabe besitze für alle u_0 einer Teilmenge $\mathfrak{A}$ von $\mathfrak{M}$ eindeutig bestimmte Lösungen $u(t) = E_0(t)u_0$.

Um Aussagen über die stetige Konvergenz von Differenzapproximationen für Anfangswertaufgaben bei quasilinearen hyperbolischen Differentialgleichungssystemen erster Ordnung in zwei unabhängigen Veränderlichen erhalten zu können, majorisieren Törnig und Ziegler ([43],[44]) in weitgehender Verallgemeinerung des Vorgehens von Courant, Isaacson und Rees [14] den globalen Verfahrensfehler durch die Lösung einer gewöhnlichen nichtlinearen Differential-, bzw. Differenzengleichung (wodurch sogleich auch praktisch auswertbare Fehlerabschätzungen gewonnen werden).

Wir werden zeigen, daß diese Majorisierung und die aus der Untersuchung der majorisierenden Gleichung gezogenen Schlüs-

se durch Herausschälen der wesentlichen Eigenschaften auf Differenzapproximationen einer großen Klasse weiterer quasilinearer AWA (nicht notwendig hyperbolisch, nicht notwendig erster Ordnung, nicht notwendig in nur zwei unabhängigen Variablen) übertragen werden können (vergleiche [6]).
Dabei beschränken wir uns der Einfachheit halber auf explizite Verfahren der Form

$$u_{n+k} = -\sum_{\nu=0}^{k-1} A_\nu(t_{n+\nu},h,u_{n+\nu})u_{n+\nu} - h\sum_{\nu=0}^{k-1} B_\nu(h)G(t_{n+\nu})u_{n+\nu}, \qquad (4)$$

wobei die $A_\nu(t,h,u)$ für jedes feste $t \in [0,T]$, jedes feste $h \in [0,h_o]$ [1]) und jedes feste $u \in \mathfrak{M}$ lineare Operatoren von $\mathfrak{M}$ in $\mathfrak{M}$ und die $B_\nu(h)$ für jedes feste $h \in [0,h_o]$ stetige lineare Operatoren von $\mathfrak{M}$ in $\mathfrak{M}$ seien.

Bemerkung:
Die Übertragung der nachfolgenden Betrachtungen auf implizite Verfahren läßt sich unter gewissen Zusatzvoraussetzungen bei Einführung geeigneter Normen ebenfalls in Analogie zum hyperbolischen Fall durchführen.

Wie wir schon im Abschnitt 2.1 gesehen haben, sind die in den Operatoren $A_\nu(t,h,u)$ auftretenden u im allgemeinen die aus den (von u abhängenden) Koeffizienten der Differentialgleichung in die Differenzengleichung übernommenen u. So ist bei dem im vorausgehenden Abschnitt behandelten Beispiel

$$u_t = uu_x$$

---

[1]) bei geeignetem $h_o > 0$

der Operator $A_o(t,h,u)$ des dort verwendeten expliziten Einschrittverfahren zum Beispiel definiert durch

$$[-A_o(t,h,u)v](x) = v(x) + \mu u(x)\begin{cases}(v(x+\frac{h}{\mu})-v(x)) & \text{für } u(x) \geq 0\\ (v(x)-v(x-\frac{h}{\mu})) & \text{für } u(x) < 0.\end{cases}$$

Das k-Schrittverfahren (4) in $\mathfrak{M}$ kann im Produktraum $\mathfrak{M}^k$ in der Form

$$\tilde{u}_{n+1} = \left(\begin{bmatrix} -A_{k-1}(t_{n+k-1},h,u_{n+k-1}) \dots -A_1(t_{n+1},h,u_{n+1}) & -A_o(t_n,h,u_n)\\ I \quad \ddots \quad \Theta & \Theta\\ \Theta \qquad\qquad I & \vdots \\ & \Theta \end{bmatrix}\right.$$

$$\left. - h\begin{bmatrix} B_{k-1}(h) \ \dots \ B_1(h) \ B_o(h)\\ \Theta \end{bmatrix}\begin{bmatrix} G(t_{n+k-1}) & & \Theta\\ & G(t_{n+k-2}) & \\ & & \ddots \\ \Theta & & & G(t_n)\end{bmatrix}\right)\tilde{u}_n$$

$$=: (\tilde{A}(t_n,h,\tilde{u}_n)+h\tilde{B}_1(h)\tilde{G}(t_n,h))\tilde{u}_n \tag{5}$$

$$=: \tilde{C}(t_n,h)\tilde{u}_n$$

geschrieben werden.

Dabei ist $\tilde{A}(t,h,\tilde{u})$ offensichtlich ein für jedes feste $\tilde{u} \in \mathfrak{M}^k$, jedes feste $h \in [0,h_o]$ und jedes feste $t \in [0,T]$ linearer Operator von $\mathfrak{M}^k$ in $\mathfrak{M}^k$ und $\tilde{B}_1(h)$ ein für jedes feste $h \in [0,h_o]$ stetiger linearer Operator von $\mathfrak{M}^k$ in $\mathfrak{M}^k$.

6.3. Hinreichende Bedingungen für stabile Konvergenz.

Wir setzen folgende Eigenschaften voraus:

(Q1) Die Operatoren $G(t)$ $(0 \leq t \leq T)$ seien global gleichgradig lipschitzstetig, d. h. es gebe eine Konstante L mit

$$\|G(t)u-G(t)v\| \leq L\,\|u-v\| \quad \forall\, u,v \in \mathfrak{M},\ \forall\, t \in [0,T].\ ^{1)}$$

(Q2) Es existiere eine Konstante $b > 0$ mit der Eigenschaft

$$\|B_\nu(h)\| \leq b \quad (\nu = 0,\ldots,k-1)$$
$$\forall\, h \in [0,h_0]$$

(das ist beispielsweise der Fall, wenn $\mathfrak{M}$ vollständig ist und $\|B_\nu(h)u\|$ für jedes feste $u \in \mathfrak{M}$ stetig auf $[0,h_0]$ ist; vergleiche S.91).

(Q3) Konsistenz:

Obiges k-Schrittverfahren sei auf der Teilmenge $\mathfrak{F}$ von $\mathfrak{A}$ mit der gegebenen Aufgabe konsistent. Es sei also

$$\|\tilde{E}_0(t+h,h)\tilde{u}_0^* - \tilde{C}(t,h)\tilde{E}_0(t,h)\tilde{u}_0^*\| \leq \varepsilon(h,u_0) = o(h)$$
$$\forall\, u_0 \in \mathfrak{F} \quad \text{(oder gleichbedeutend: } \forall\, \tilde{u}_0^* \in \mathfrak{F}_0^k).$$

(Q4) Es existiere eine Konstante $K \geq 0$ und ein Funktional κ_0 auf $\mathfrak{F}$ derart, daß bei beliebigen $\tilde{u}$ und $\tilde{v}$ aus $\mathfrak{M}^k$ gilt:

$$\|\{\tilde{A}(t,h,\tilde{u})-\tilde{A}(t,h,\tilde{v})\}\tilde{w}\| \leq \begin{cases} K\cdot\|\tilde{w}\|\cdot\|\tilde{u}-\tilde{v}\| \quad \forall\, \tilde{w} \in \mathfrak{M}^k & \text{(a)} \\ \kappa_0(u_0)h\|\tilde{u}-\tilde{v}\| \quad \forall\, \tilde{w} \in \mathfrak{M}^k \\ \text{mit } \tilde{w}=\tilde{E}_0(t,h)\tilde{u}_0^*,\ u_0 \in \mathfrak{F}. & \text{(b)} \end{cases}$$

(Diese Forderung beinhaltet im wesentlichen die Forde-

---

[1]) Auch hier reicht (wie im halblinearen Fall; vergleiche S.105) die Forderung lokaler Lipschitzstetigkeit zumeist aus.

rung nach der Lipschitzstetigkeit der in die Differenzengleichung übernommenen Koeffizienten der Differentialgleichung bezüglich u. Sie ist mithin weniger eine Forderung an die Differenzengleichung, als vielmehr eine Forderung an die Differentialgleichung [1]. Man siehe dazu auch spätere Beispiele.)

(Q5) Stabilität:

Es gebe ein Funktional M auf $\mathfrak{S}$ mit der Eigenschaft

$$\sup_{0 \le t \le T-(k-1)h} \| \tilde{A}(t,h,\tilde{E}_o(t,0)\tilde{u}_o^*) \| \le 1 + M(u_o)h \quad \forall\, u_o \in \mathfrak{S} \ .$$

(Diese Bedingung ist in linearen Fällen hinreichend für die L-Stabilität des Verfahrens auf $\mathfrak{M}$, da dann folgt:

$$\prod_{\nu=m}^{n-1} \tilde{A}(t+\nu h,h) \le \prod_{\nu=m}^{n-1} \tilde{A}(t+\nu h,h) \le (1+Mh)^{n-m} \le (1+Mh)^n \le$$

$$\le (1+M\frac{T}{n})^n \le e^{MT} = \text{const.}$$

Deshalb wird (Q5) auch hier "Stabilität" genannt.)

Über den Typ der zu approximierenden Aufgabe (z. B. parabolisch, hyperbolisch, AWA, ARWA) werden in Analogie zur Lax-Richtmyer-Theorie keine Voraussetzungen gemacht.

Wie am Ende des vorigen Abschnittes angekündigt, sollen nun Aussagen über den globalen Fehler des Verfahrens gemacht werden, wobei sogleich Rechenstörungen bei jedem Schritt einbezogen werden.

---

[1]) Wiederum kann man sich im allgemeinen auf nur lokale Lipschitzbedingungen zurückziehen.

Sei $\tilde{v}_o$ das Anfangsfeld einschließlich Störungseinflüssen, die bei der Berechnung des Anfangsfeldes auftraten. $\tilde{v}_n$ sei die (z.B. durch Rundungsfehler) gestörte Lösung der Differenzengleichung nach dem n-ten Schritt. Setzt man diese beim (n+1)-ten Schritt in die Differenzengleichung ein, so ergibt störungsfreie Rechnung den Ausdruck

$$\tilde{C}(t_n,h)\tilde{v}_n.$$

Unter Hinzunahme der Rechenstörung $\tilde{\eta}_n$ erhält man daraus

$$\tilde{v}_{n+1} = \tilde{C}(t_n,h)\tilde{v}_n + \tilde{\eta}_n$$
$$n = 0,1,\ldots .$$

Wir vergleichen jetzt die (gestörte) Lösung der Differenzengleichung mit der jeweiligen exakten Lösung der AWA.
Sei deshalb bei beliebigem $t \in [0,T]$ irgendeine Folge natürlicher Zahlen $\{n_j\} \to \infty$ und irgendeine Schrittweitennullfolge $\{h_j\}$ mit $\{(n_j+k-1)h_j\} \subset [0,T]$ und $\{n_j h_j\} \to t$ gegeben. Dann gilt

$$\|\tilde{v}_{n_j+1} - \tilde{E}_o(t,0)\tilde{u}_o^*\| \leq \|\tilde{v}_{n_j+1} - \tilde{E}_o((n_j+1)h_j,h_j)\tilde{u}_o^*\| + \|\tilde{E}_o((n_j+1)h_j,h_j)\tilde{u}_o^* - \tilde{E}_o(t,0)\tilde{u}_o^*\| \qquad (6)$$

$\forall\, u_o \in \mathfrak{N}$. Wiederum gilt (wie im halblinearen Fall) für den zweiten Term:

$$\lim_{j\to\infty}\|(\tilde{E}_o(n_jh_j,h_j) - \tilde{E}_o(t,0))\tilde{u}_o^*\| = 0 \text{ [1]}.$$

Deswegen werden wir im folgenden nur noch den ersten Term behandeln. Der einfacheren Schreibweise wegen lassen wir vorübergehend den Index j fort und setzen

$$\tilde{E}_o(nh,h)\tilde{u}_o^* =: \tilde{u}(n,h).$$

---

[1]) vergleiche Fußnote 1 auf S. 96

Damit folgt für alle $u_o \in \mathfrak{N}$:

$$\|\tilde{v}_{n+1}-\tilde{E}_o((n+1)h,h)\tilde{u}_o^*\| = \|\tilde{v}_{n+1}-\tilde{u}(n+1,h)\| \leq$$

$$\leq \|\tilde{C}(nh,h)\tilde{v}_n+\tilde{\eta}_n-\tilde{C}(nh,h)\tilde{u}(n,h)\| + \|\tilde{C}(nh,h)\tilde{u}(n,h)-\tilde{u}(n+1,h)\| \leq$$

$$\leq \|\tilde{C}(nh,h)\tilde{v}_n+\tilde{\eta}_n-\tilde{C}(nh,h)\tilde{u}(n,h)\| + \varepsilon(h,u_o) \quad ^{1})$$

$$= \|\tilde{A}(nh,h,\tilde{v}_n)\tilde{v}_n+h\tilde{B}_1(h)\tilde{G}(nh,h)\tilde{v}_n+\tilde{\eta}_n-\tilde{A}(nh,h,\tilde{u}(n,h))\tilde{u}(n,h)-$$

$$-h\tilde{B}_1(h)\tilde{G}(nh,h)\tilde{u}(n,h)\| + \varepsilon(h,u_o) \leq$$

$$\leq \|\tilde{A}(nh,h,\tilde{v}_n)\tilde{v}_n-\tilde{A}(nh,h,\tilde{u}(n,h))\tilde{u}(n,h)\| + hbL\|\tilde{v}_n-\tilde{u}(n,h)\| +$$

$$+ \|\tilde{\eta}_n\| + \varepsilon(h,u_o) \leq$$

$$\leq \|\{\tilde{A}(nh,h,\tilde{v}_n)-\tilde{A}(nh,h,\tilde{u}(n,h))\}(\tilde{v}_n-\tilde{u}(n,h))\| +$$

$$+ \|\{\tilde{A}(nh,h,\tilde{v}_n)-\tilde{A}(nh,h,\tilde{u}(n,h))\}\tilde{u}(n,h)\| +$$

$$+ \|\tilde{A}(nh,h,\tilde{u}(n,h))(\tilde{v}_n-\tilde{u}(n,h))\| +$$

$$+ hbL\|\tilde{v}_n-\tilde{u}(n,h)\| + \|\tilde{\eta}_n\| + \varepsilon(h,u_o) \leq$$

$$\leq K\|\tilde{v}_n-\tilde{u}(n,h)\|^2 + \kappa_o(u_o)h\|\tilde{v}_n-\tilde{u}(n,h)\| +$$

$$+ (1+M(u_o)h)\|\tilde{v}_n-\tilde{u}(n,h)\| + hbL\|\tilde{v}_n-\tilde{u}(n,h)\| + \|\tilde{\eta}_n\| + \varepsilon(h,u_o) \quad ^{2})$$

$$= K\|\tilde{v}_n-\tilde{u}(n,h)\|^2 + \|\tilde{v}_n-\tilde{u}(n,h)\| +$$

$$+ (\kappa_o(u_o)+M(u_o)+bL)h\|\tilde{v}_n-\tilde{u}(n,h)\| + \|\tilde{\eta}_n\| + \varepsilon(h,u_o).$$

Zur Abkürzung setzen wir vorübergehend

$$\|\tilde{v}_n-\tilde{u}(n,h)\| =: z_n.$$

Ist dann η eine obere Schranke der auftretenden $\|\tilde{\eta}_n\|$, so folgt

$$z_{n+1} \leq Kz_n^2 + z_n + Nhz_n + \eta + \varepsilon \qquad (7)$$

$$\text{mit } N = N(u_o) := \kappa_o(u_o) + M(u_o) + bL.$$

Wir betrachten nun für $h \in (0,h_o]$ die Riccatische DGL

$$y'(t) = \frac{K}{h}\cdot y^2(t) + Ny(t) + \frac{\eta+\varepsilon}{h} \qquad (8)$$

mit der Anfangsbedingung $y(0) = z_o$.

---

[1]) gemäß der Voraussetzung (Q3)

[2]) gemäß den Voraussetzungen (Q4) und (Q5)

Setzt man

$$D := N^2 - 4K\,\frac{\eta+\varepsilon}{h^2},$$

so lautet die Lösung dieser gewöhnlichen AWA:

für $D < 0$:

$$\left.\begin{aligned}
&y(t) = \frac{z_o\sqrt{-D}\cdot\cos(\frac{1}{2}\sqrt{-D}\cdot t) + (Nz_o+2\frac{\eta+\varepsilon}{h})\cdot\sin(\frac{1}{2}\sqrt{-D}\cdot t)}{\sqrt{-D}\cdot\cos(\frac{1}{2}\sqrt{-D}\cdot t) - (N+\frac{2K}{h}z_o)\cdot\sin(\frac{1}{2}\sqrt{-D}\cdot t)}\,.\\
&y(t) \text{ besitzt eine Singularität an der Stelle } t = T^*(h)\\
&\text{mit} \qquad T^*(h) = \frac{2}{\sqrt{-D}}\arctan\frac{\sqrt{-D}}{N+\frac{2K}{h}z_o}\,.
\end{aligned}\right\}\quad (9)$$

für $D = 0$:

$$\left.\begin{aligned}
&y(t) = \frac{2z_o + (Nz_o+2\frac{\eta+\varepsilon}{h})\cdot t}{2 - (N+\frac{2K}{h}z_o)\cdot t}\,.\\
&y(t) \text{ besitzt eine Singularität an der Stelle } t = T^*(h)\\
&\text{mit} \qquad T^*(h) = \frac{2}{N+\frac{2K}{h}z_o}\,.
\end{aligned}\right\}\quad (10)$$

für $D > 0$:

$$\left.\begin{aligned}
&y(t) = \frac{z_o\sqrt{D}\cdot\cosh(\frac{1}{2}\sqrt{D}\cdot t) + (Nz_o+2\frac{\eta+\varepsilon}{h})\cdot\sinh(\frac{1}{2}\sqrt{D}\cdot t)}{\sqrt{D}\cdot\cosh(\frac{1}{2}\sqrt{D}\cdot t) - (N+\frac{2K}{h}z_o)\cdot\sinh(\frac{1}{2}\sqrt{D}\cdot t)}\\
&y(t) \text{ besitzt eine Singularität an der Stelle } t = T^*(h)\\
&\text{mit} \qquad T^*(h) = \frac{2}{\sqrt{D}}\,\text{artanh}\frac{\sqrt{D}}{N+\frac{2K}{h}z_o}\,.
\end{aligned}\right\}\quad (11)$$

Die Bedeutung dieser AWA liegt nun darin, daß ihre Lösung $y(t)$ für $t+(k-1)h \in [0,T^*(h))\cap[0,T]$ eine Majorante des globalen Fehlers des Differenzenverfahrens darstellt, d. h.

$$y(t_n) \geq z_n \quad \text{für } (n+k-1)h \in [0,T^*(h))\cap[0,T]. \qquad (12)$$

Beweis (durch vollständige Induktion):

Für n = 0 ist die Aussage richtig aufgrund der Wahl des Anfangswertes y(0).

Ist dann diese Aussage bis n richtig, so folgt

$$\begin{aligned} y(t_{n+1}) &= y(t_n) + \int_{t_n}^{t_{n+1}} y'(t)dt \geq y(t_n) + h\cdot y'(t_n) \quad {}^{1)} \\ &= y(t_n) + Ky^2(t_n) + Nhy(t_n) + \eta + \varepsilon \quad {}^{2)} \\ &\geq z_n + Kz_n^2 + Nhz_n + \eta + \varepsilon \quad {}^{3)} \\ &\geq z_{n+1} \quad {}^{4)}. \end{aligned}$$

Die Beziehung (12) lautet (in die alten Größen umgeschrieben)

$$\| \tilde{v}_{n_j} - \tilde{E}_o(n_j h_j, h_j)\tilde{u}_o \| \leq y(n_j h_j)$$

$\forall\, n_j$ mit $(n_j+k-1)h_j \in [0,T^*(h_j)) \cap [0,T]$ bei gegebenem h_j.

Damit erhält man aufgrund der Ungleichung (6) folgende Abschätzung für den globalen Fehler des Verfahrens:

$$\| \tilde{v}_{n_j} - \tilde{E}_o(t,0)\tilde{u}_o^* \| \leq y(n_j h_j) + \| \tilde{E}_o(n_j h_j, h_j)\tilde{u}_o^* - \tilde{E}_o(t,0)\tilde{u}_o^* \|$$

$\forall\, n_j$ mit $(n_j+k-1)h_j \in [0,T^*(h_j)) \cap [0,T]$ bei gegebenem h_j.

Hinreichend für die stabile Konvergenz des Verfahrens ist daher jede Beziehung, die (bei $\eta = 0$ und $y_o(h_j) = O(h_j^{\tau})$ mit geeignetem $\tau > 0$) zugleich die folgenden Eigenschaften sichert:

1. $T^{**} := \inf\limits_{0 < h_j \leq h_o} T^*(h_j) > 0$ bei geeignetem $h_o > 0$,
2. $\lim\limits_{h_j \to 0} y(t) = 0$ für jedes feste $t \in [0,T^{**})$.

---

1) aufgrund der Isotonie von y'(t)

2) gemäß (8)

3) nach Induktionsvoraussetzung

4) gemäß (7)

Bemerkung:

Ist dabei $T^{**} < T$, so kann die Konvergenzaussage allerdings nur in einem eingeschränkten Streifen erfolgen.

Wir betrachten zunächst nochmals den (schon weitgehend bekannten) linearen Fall:

Der Operator G tritt hier nicht auf. Die Voraussetzungen (Q1) und (Q2) sind mithin trivialerweise erfüllt. Die dort auftretende Konstante L kann man gleich Null setzen. Ferner hängt hier der Operator $\tilde{A}$ nicht von u ab. Die Voraussetzung (Q4) ist folglich ebenfalls trivialerweise mit $K = 0$, $\kappa(u_o) \equiv 0$ erfüllt.

Die Riccatische DGL geht über in die lineare DGL

$$y'(t) = My(t) + \frac{\eta + \varepsilon}{h_j}$$

$$y(0) = z_o$$

mit einem von u_o unabhängigen M. Die Lösung dieser AWA lautet

$$y(t) = z_o \cdot e^{MT} + \frac{1}{M} \frac{\eta + \varepsilon}{h_j} (e^{MT} - 1) \quad \text{für } M > 0,$$

$$y(t) = z_o + \frac{\eta + \varepsilon}{h_j} t \quad \text{für } M = 0.$$

y(t) besitzt hier keine Singularität im Endlichen. Es ist daher $T^*(h_j) = \infty$ und damit auch $T^{**} = \infty$. Man erhält somit Konvergenzaussagen, wenn überhaupt, im gesamten Streifen [0,T].

Für den Nachweis der stabilen Konvergenz des Differenzenverfahrens können wir uns auf den Fall $\eta = 0$ beschränken. Aufgrund der vorausgesetzten Konsistenz des Verfahrens auf $\mathfrak{F}$ erhalten wir dann aus obigen Formeln unmittelbar die Aussage

$$\lim_{h_j \to 0} y(t) = 0 \text{ bei beliebig festem } t \in [0,T]$$

für jedes zulässige Anfangsfeld (nicht nur für bestimmte zulässige Anfangsfelder). Das Verfahren ist also L-konvergent auf $\mathfrak{N}$ (nicht nur stabil-konvergent auf $\mathfrak{N}$). Man vergleiche die analogen Ergebnisse der zweiten Richtung des Äquivalenzsatzes der Lax-Richtmyer-Theorie (dort allerdings auf dem als vollständig vorausgesetzten Gesamtraum $\mathfrak{M}$, in dem $\mathfrak{N}$ dicht ist, sowie bei einer etwas schwächeren Stabilitätsforderung).

Ist speziell das Verfahren von der Ordnung σ, so ist offensichtlich der globale Fehler ein $O(h_j^{\sigma})$, sofern auch der Gesamtfehler des Anfangsfeldes ein $O(h_j^{\sigma})$ ist. Dies gilt auch noch dann, wenn die bei jedem Schritt auftretenden Rechenstörungen bei Verkleinerung der Schrittweite h_j wie $h_j^{\sigma+1}$ verringert werden, η also ein $O(h_j^{\sigma+1})$ ist.

Auch der halblineare Fall werde als Spezialfall einer quasilinearen Aufgabe nochmals kurz untersucht:

Hier treten im Gegensatz zum linearen Fall die Operatoren $G(t)$ auf. Die Konstante L ist daher im allgemeinen von Null verschieden. Der Operator $\tilde{A}$ hängt nicht von u ab. Die Voraussetzung (Q4) ist demzufolge wiederum mit $K = 0$, $\kappa_0 \equiv 0$ erfüllt.

Es bleiben also die soeben im linearen Fall durchgeführten Betrachtungen erhalten. Statt M hat man lediglich $N = M+L$ zu nehmen. Mithin wird das Konvergenzverhalten des Differenzenverfahrens auf $\mathfrak{N}$ vom Vorhandensein oder Nichtvorhandensein des lipschitzstetigen Teils $G(t)u$ nicht berührt, wiederum in Analogie zu den (wesentlich weitergehenden) Ergebnissen aus § 5.

Wir behandeln nun den quasilinearen Fall:

Hier zeigt die Riccatische DGL bei $K > 0$ ein gänzlich anderes Verhalten. Ihre Lösungen besitzen im Gegensatz zum (halb)linearen Fall bei endlichem $T^*(h)$ eine Singularität, die für $h \to 0$ sogar gegen 0 streben kann. Daher erhalten wir Konvergenzaussagen (wenn überhaupt) nur in einem gegenüber $[0,T]$ möglicherweise eingeschränkten Streifen.

Wir betrachten Verfahren von der Ordnung σ, so daß

$$\varepsilon(h_j,u_o) = \omega_o(u_o)\, h_j^{1+\sigma}$$

gesetzt werden kann. Für die Untersuchung der stabilen Konvergenz des Verfahrens kann man sich wieder auf $\eta = 0$ beschränken. Wir unterscheiden dann hinsichtlich σ drei Fälle:

1. $0 < \sigma < 1$

(z.B. bei ARWA möglich). Wegen

$$\frac{\varepsilon(h_j,u_o)}{h_j^2} \to \infty \quad \text{für } h_j \to 0$$

folgt $D < 0$ für alle hinreichend kleinen h_j, so daß man sich hier für die Konvergenzfrage auf die Lösung (9) der Riccatischen DGL beschränken kann. Wegen der Beschränktheit des Hauptwertes der arctan-Funktion ergibt sich

$$\lim_{j\to\infty} T^*(h_j) = 0 \implies T^{**} = 0.$$

Im Gegensatz zum (halb)linearen Fall kann somit im Rahmen der hier dargelegten Theorie für $0 < \sigma < 1$ die Konvergenz in keinem noch so schmalen Streifen ausgesagt werden (trotz erfüllter Konsistenz und Stabilität des Verfahrens!).

2. $\sigma = 1$.

Hier gilt

$$\frac{\varepsilon(h_j,u_o)}{h_j^2} = \omega_o(u_o),$$

so daß für die Lösung der Riccatischen DGL (abhängig von j abwechselnd) die Fälle $D > 0$, $D = 0$, $D < 0$ auftreten können. Setzt man nun ein Anfangsfeld mit $\gamma \geq 1$ voraus, so erhält man in allen drei Fällen

$$\lim_{j\to\infty} T^*(h_j) > 0 \text{ und damit } T^{**} > 0.$$

Weiter ergibt sich aus (9), (10), (11) noch die Aussage

$$\lim_{h_j\to 0} y(t) = 0 \text{ bei beliebig festem } t \in [0,T^{**}) \cap [0,T].$$

Das Verfahren ist also stabil-konvergent auf $\mathfrak{F}$ in dem möglicherweise eingeschränkten Streifen $[0,T^{**}) \cap [0,T]$. Der globale Fehler des Verfahrens ist dabei ein $O(h_j)$. Dies gilt auch noch bei Einbeziehung der Rechenstörungen bei jedem Schritt, sofern $\eta = O(h_j^2)$.

3. $\sigma > 1$.

Hier folgt

$$\lim_{j\to\infty} \frac{\varepsilon(h_j,u_o)}{h_j^2} = 0,$$

so daß mit $N > 0$ auch $D > 0$ für alle hinreichend großen j. Es kommt daher für die Konvergenzuntersuchung im Falle $N > 0$ nur die Formel (11) in Betracht. Setzt man $\gamma > 1$ voraus, so ergibt (11)

$$\lim_{j\to\infty} T^*(h_j) = \infty \quad \Rightarrow \quad T^{**} = \infty .$$

Weiter ergibt sich aus der Formel (11) noch die Aussage

$$\lim_{h_j \to 0} y(t) = 0 \quad \text{bei beliebig festen } t \in [0,T].$$

Das Verfahren ist also stabil-konvergent auf $\mathfrak{F}$ im gesamten Streifen $[0,T]$. Für $\gamma = 1$ ist das Verfahren gleichfalls stabil-konvergent auf $\mathfrak{F}$, jedoch möglicherweise nur in einem eingeschränkten Streifen. Die gleichen Ergebnisse liefern analoge Betrachtungen für $N = 0$. Der globale Fehler des Verfahrens ist dabei ein $O(h_j^{\sigma})$, wiederum auch bei Einbeziehung der Rechenstörungen bei jedem Schritt, wenn $\eta = O(h_j^{1+\sigma})$ realisiert wird.

Auch im quasilinearen Fall wird das Konvergenzverhalten des Differenzenverfahrens auf $\mathfrak{F}$ vom Vorhandensein des Anteils $G(t)u$ (bis auf eine mögliche Streifenverengung) nicht beeinflußt. [1])

Beispiele:

1. In dem Banachraum

$$\mathfrak{B} := \{u : u \in C^0_{2\pi}(R),\ \|u\| = \max_{0 \le x \le 2\pi} |u(x)|\}$$

behandeln wir wieder die Anfangswertaufgabe von S. 108

$$u_t = uu_x,\ 0 \le t \le T,$$
$$u(x,0) = u_0(x)$$

[1]) Eine solche Streifenverengung kann auch bei nur lokaler Lipschitzstetigkeit (vgl. Fußnote 1 von S.118 und S.119) notwendig werden, um zu verhindern, daß die Näherungslösungen aus dem Bereich der mit einheitlichen Konstanten erfüllten Lipschitzbedingungen hinauslaufen.

mit dem Verfahren von Courant, Isaacson und Rees. Es soll das Erfülltsein der Voraussetzungen (Q1) bis (Q5) (vgl. S.118 - 119) nachgeprüft werden:

(Q1) und (Q2) sind trivialerweise erfüllt ($G \equiv \Theta$).

(Q3) ist erfüllt auf $\mathfrak{N} = \mathfrak{B} \cap C^2(\mathbb{R})$.

Beweis:

$$[E_o(t+h)u_o - C(h)E_o(t)u_o](x) =$$

$$= u(x,t+h) - u(x,t) - \mu u(x,t) \begin{cases} (u(x+\frac{h}{\mu},t) - u(x,t)), & u(x,t) \geq 0 \\ (u(x,t) - u(x-\frac{h}{\mu},t)), & u(x,t) < 0 \end{cases}$$

$$= hu_t(x,t) - hu(x,t)u_x(x,t) + O(h^2)$$

$$= O(h^2).$$

Folglich ist das Verfahren auf $\mathfrak{N}$ konsistent mit der gegebenen AWA und von der Ordnung $\sigma = 1$.

(Q4) ist erfüllt.

Beweis:

Es ist im vorliegenden Fall

$$\tilde{A}(t,h,\tilde{u}) = -A_o(t,h,u) = -A_o(h,u).$$

Mit der schon auf S. 117 angegebenen Darstellung der Operatoren $A_o(t,h,u)$ folgt

$$[\{-A_o(h,u)+A_o(h,v)\}w](x) =$$

$$= \mu \begin{cases} (u(x)-v(x))(w(x+\frac{h}{\mu})-w(x)), & u(x) \geq 0,\ v(x) \geq 0 \\ u(x)(w(x+\frac{h}{\mu})-w(x)) - v(x)(w(x)-w(x-\frac{h}{\mu})), & u(x) \geq 0,\ v(x) < 0 \\ u(x)(w(x)-w(x-\frac{h}{\mu})) - v(x)(w(x+\frac{h}{\mu})-w(x)), & u(x) < 0,\ v(x) \geq 0 \\ (u(x)-v(x))(w(x)-w(x-\frac{h}{\mu})), & u(x) < 0,\ v(x) < 0, \end{cases}$$

und daher

$$|[\{-A_o(h,u)+A_o(h,v)\}w](x)| \leq \begin{cases} 2\mu\|w\|\|u-v\| & \forall\, w \in \mathfrak{B} \\ \|w'\|h\|u-v\| & \forall\, w \in \mathfrak{B} \cap C^1. \end{cases}$$

Es ist gewiß $E_o(t)u_o \in \mathfrak{B} \cap C^1 \quad \forall\, u_o \in \mathfrak{D}$. Setzt man

$$K = 2\mu \quad \text{und} \quad \kappa_o(u_o) = \max_{0 \le t \le T} \left\| \frac{\partial}{\partial x}(E_o(t)u_o) \right\| ,$$

so resultiert in der Tat

$$\|\{-A_o(h,u)+A_o(h,v)\}w\| \le \begin{cases} K \cdot \|w\| \cdot \|u-v\| & \forall\, w \in \mathfrak{B} \\ \kappa_o(u_o)h\|u-v\| & \forall\, w \in \mathfrak{B} \\ \text{mit } w=E_o(t)u_o,\ u_o \in \mathfrak{D}. & \end{cases}$$

(Q5) ist (bei eventuell eingeschränkter Menge $\mathfrak{D}$) erfüllt.

Beweis:

$$[-A_o(h,u)w](x) = \begin{cases} (1-\mu u(x))w(x)+\mu u(x)w(x+\frac{h}{\mu}), & u(x) \ge 0 \\ (1+\mu u(x))w(x)-\mu u(x)w(x-\frac{h}{\mu}), & u(x) < 0. \end{cases}$$

Folglich ist

$$\|A_o(h,u)w\| \le \|w\| \quad \forall\, w \in \mathfrak{B}, \text{ sofern } \mu \le \frac{1}{\|u\|}.$$

Setze

$$\sup_{u_o \in \mathfrak{D}} \max_{0 \le t \le T} \|E_o(t)u_o\| = R.$$

Um $R < \infty$ zu erzwingen, muß man sich eventuell auf eine Teilmenge $\hat{\mathfrak{D}} \subset \mathfrak{D}$ zurückziehen [1].

Wählt man dann $\mu \le \frac{1}{R}$, so folgt

$\|A_o(h,E_o(t)u_o)\| \le 1 \quad \forall\, u_o \in \hat{\mathfrak{D}}$ (Stabilität auf $\hat{\mathfrak{D}}$) [2].

Also ist das Verfahren stabil-konvergent auf $\hat{\mathfrak{D}}$.

---

[1]) Eine solche nichtleere Teilmenge $\hat{\mathfrak{D}}$ läßt sich stets angeben (z.B. jede endliche Teilmenge von $\mathfrak{D}$).

[2]) Lediglich zur Gewährleistung der Stabilität werden im Courant-Isaacson-Rees-Verfahren unterschiedliche Approximationen je nach dem Vorzeichen gewisser Koeffizienten (hier: sgn u(x)) benutzt, wodurch andererseits die strukturreduzierende Eigenschaft des Verfahrens impliziert wird (vgl. S.109 und Fußnote 1 von S.112).

2. In dem Banachraum

$$\mathfrak{B} = \{u : u \in C^{0}_{2\pi}(R^2),\ \|u\| = \max_{0 \le x,y \le 2\pi} |u(x,y)|\}$$

behandeln wir wieder die parabolische AWA von Seite 15

$$u_t = \varphi(u)(u_{xx}+u_{yy}),\ 0 \le t \le T,$$
$$u(x,y,0) = u_0(x,y),$$

verwenden jedoch das Differenzenverfahren

$$u_{n+1}(x,y) = u_n(x,y) + \mu\varphi(u_n(x,y))(u_n(x+\sqrt{\tfrac{h}{\mu}},y)+u_n(x-\sqrt{\tfrac{h}{\mu}},y)-$$
$$-4u_n(x,y)+u_n(x,y+\sqrt{\tfrac{h}{\mu}})+u_n(x,y-\sqrt{\tfrac{h}{\mu}}))$$
$$\mu = \frac{h}{(\Delta x)^2} = \frac{h}{(\Delta y)^2}\ .$$

Dabei sei φ eine auf $\mathbb{R}$ definierte nichtnegative, beschränkte und lipschitzstetige Funktion:

$$0 \le \varphi(u) \le R \quad \text{und} \quad |\varphi(u)-\varphi(v)| \le r|u-v| \quad \forall\ u,v \in \mathbb{R}.$$

Ferner besitze die AWA für jedes $u_0 \in \mathfrak{D} := \mathfrak{B} \cap C^4$ eindeutige Lösungen $E_0(t)u_0 \in \mathfrak{D}$. Überprüfung der Voraussetzungen (Q1) bis (Q5) (vgl. S.118 - 119) ergibt:

(Q1) und (Q2) sind trivialerweise erfüllt $(G \equiv \Theta)$.

(Q3) Durch Taylorentwicklung um den Punkt (x,y,t) bestätigt man leicht, daß das Verfahren auf $\mathfrak{D}$ konsistent mit der gegebenen AWA und von der Ordnung $\sigma = 1$ ist.

(Q4) ist erfüllt.

Beweis:

Wiederum handelt es sich um ein Einschrittverfahren, so daß

$$\tilde{A}(t,h,\tilde{u}) = - A_0(t,h,u),$$

wobei der Operator $A_0(t,h,u)$ durch

$$[-A_o(h,u)w](x,y) =$$

$$= w(x,y) + \mu\varphi(u(x,y))\,(w(x+\sqrt{\tfrac{h}{\mu}},y)+w(x-\sqrt{\tfrac{h}{\mu}},y)-4w(x,y)+ +w(x,y+\sqrt{\tfrac{h}{\mu}})+w(x,y-\sqrt{\tfrac{h}{\mu}}))$$

definiert ist. Folglich gilt

$$[\{-A_o(h,u)+A_o(h,v)\}w](x,y) =$$

$$= \mu(\varphi(u(x,y))-\varphi(v(x,y)))\,(w(x+\sqrt{\tfrac{h}{\mu}},y)+w(x-\sqrt{\tfrac{h}{\mu}},y)-4w(x,y)+ +w(x,y+\sqrt{\tfrac{h}{\mu}})+w(x,y-\sqrt{\tfrac{h}{\mu}}))\,.$$

Hieraus resultiert

$$|[\{-A_o(h,u)+A_o(h,v)\}w](x,y)| \le \begin{cases} 8\mu r\cdot\|w\|\cdot\|u-v\| & \forall\, w\in\mathfrak{B} \\ r(\|w_{xx}\|+\|w_{yy}\|)h\|u-v\| & \forall\, w\in\mathfrak{D}. \end{cases}$$

Setzt man

$$K = 8\mu r \text{ und } \kappa_o(u_o) = r\cdot\max_{0\le t\le T}\left(\left\|\frac{\partial^2}{\partial x^2}E_o(t)u_o\right\|+\left\|\frac{\partial^2}{\partial y^2}E_o(t)u_o\right\|\right),$$

so folgt in der Tat

$$\|\{-A_o(h,u)+A_o(h,v)\}w\| \le \begin{cases} K\cdot\|w\|\cdot\|u-v\| & \forall\, w\in\mathfrak{B} \\ \kappa_o(u_o)h\|u-v\| & \forall\, w\in\mathfrak{D} \end{cases}$$

(Q5) ist erfüllt.

Beweis:

$$|[-A_o(h,u)w](x,y)| \le$$

$$\le (1-4\mu\varphi(u(x,y)))|w(x,y)| +$$

$$\varphi(u(x,y))\,|w(x+\sqrt{\tfrac{h}{\mu}},y)+w(x-\sqrt{\tfrac{h}{\mu}},y)+w(x,y+\sqrt{\tfrac{h}{\mu}})+w(x,y-\sqrt{\tfrac{h}{\mu}})|\,.$$

Wählt man dann $\mu \le \frac{1}{4R}$, so ergibt sich

$$\|A_o(h,E_o(t)u_o)\| \le 1 \quad \forall\, u_o\in\mathfrak{D} \quad \text{(Stabilität)}.$$

Das Verfahren ist somit stabil-konvergent auf $\mathfrak{D}$.

6.4. Stetigkeitsverhalten der iterierten Differenzenoperatoren bei stabiler Konvergenz.

Wie schon früher angemerkt wurde, kann gleichgradige Stetigkeit der iterierten Differenzenoperatoren bei quasilinearen Aufgaben im allgemeinen nicht erwartet werden. Die gleichgradige Stetigkeit erwies sich als wesentliches Charakteristikum der stetigen Konvergenz. Die stabile Konvergenz ist eine relativ geringe Abschwächung der stetigen Konvergenz. Die nur individuelle Stetigkeit der iterierten Differenzenoperatoren reichte uns jedoch zum Nachweis der stabilen Konvergenz noch nicht aus [1]). Es ist daher zu erwarten, daß das Stetigkeitsverhalten bei stabiler Konvergenz in gewisser Weise zwischen individueller und gleichgradiger Stetigkeit liegt, wenngleich bisher kein formulierter Stetigkeitsbegriff existiert, der für stabile Konvergenz in ähnlicher Weise charakteristisch ist wie gleichgradige Stetigkeit für stetige Konvergenz. Ein solches (zwischen individueller und gleichgradiger Stetigkeit liegendes) Stetigkeitsverhalten läßt sich jedoch bei Erfülltsein der Voraussetzungen (Q4) und (Q5) in folgender Weise beschreiben, wobei wir uns der Einfachheit halber auf $G(t) \equiv \Theta$ und auf Einschrittverfahren beschränken.

---

[1]) Die individuelle Stetigkeit der iterierten Differenzenoperatoren wurde bisher in diesem Kapitel nicht explizit vorausgesetzt, ist jedoch (wie sogleich gezeigt werden wird) implizit in der Forderung (Q4) enthalten.

Gesucht sei in einem normierten Raum $\mathfrak{M}$ eine einparametrige Schar u(t) von Elementen, die der Anfangswertaufgabe

$$u_t = F(t,u)u, \; 0 \leq t \leq T, \qquad u(0) = u_o \tag{13}$$

genügt. Die approximierende Differenzengleichung

$$u_{n+1} = - A_o(t_n,h,u_n)u_n =: C(t_n,h)u_n \quad (n = 0,1,\ldots) \tag{14}$$

erfülle die Voraussetzung (Q4) und (Q5) (vgl. S.118 - 119).

Dann gilt zunächst:

Die iterierten Differenzenoperatoren $Q(nh,h) := \prod_{\nu=0}^{n-1} C(\nu h,h)$ sind individuell stetig auf $\mathfrak{M}$.

Beweis (vollständige Induktion):

Für n = 1 ist die Aussage richtig, denn mit (Q4) folgt

$\|Q(h,h)u-Q(h,h)v\| = \|-A_o(0,h,u)u+A_o(0,h,v)v\| \leq$

$\leq \|\{-A_o(0,h,u)+A_o(0,h,v)\}(v-u)\| + \|A_o(0,h,u)(v-u)\| +$

$+ \|\{-A_o(0,h,u)+A_o(0,h,v)\}u\| \leq$

$\leq K\cdot\|u-v\|^2 + K\cdot\|u-v\|\|u\| + \|A_o(0,h,u)\|\cdot\|u-v\|.$

Zu beliebig vorgegebenem $\varepsilon > 0$ existiert daher ein $\delta_1 > 0$, so daß

$\|Q(h,h)u-Q(h,h)v\| < \varepsilon \quad \forall \, v \in \mathfrak{M}$ mit $\|u-v\| < \delta_1(\varepsilon,h,u)$.

Die Aussage sei für n richtig, d. h. es gebe ein $\delta_n > 0$, so daß

$\|Q(nh,h)u-Q(nh,h)v\| < \varepsilon \quad \forall \, v \in \mathfrak{M}$ mit $\|u-v\| < \delta_n(\varepsilon,h,u)$.

Dann folgt (wiederum mit (Q4)):

$\|Q((n+1)h,h)u-Q((n+1)h,h)v\| =$

$= \|C(nh,h)Q(nh,h)u-C(nh,h)Q(nh,h)v\| =$

$= \| -A_o(nh,h,Q(nh,h)u)Q(nh,h)u + A_o(nh,h,Q(nh,h)v)Q(nh,h)v\|$

$\leq K\|Q(nh,h)u-Q(nh,h)v\|^2 + K\|Q(nh,h)u-Q(nh,h)v\|\|Q(nh,h)u\|$

$+ \|A_o(nh,h,Q(nh,h)u)\|\|Q(nh,h)u-Q(nh,h)v\|$.

Unter Ausnutzung der Induktionsvoraussetzung existiert daher zu beliebigem $\varepsilon > 0$ ein $\delta_{n+1} > 0$, so daß

$\|Q((n+1)h,h)u-Q((n+1)h,h)v\| < \varepsilon \;\forall\; v \in \mathfrak{M}$ mit $\|u-v\| < \delta_{n+1}$.

Sei nun $u(t) = E_o(t)u_o$ irgendeine Lösung von (13). Betrachtet man dann die aus der gegebenen quasilinearen Aufgabe hervorgehende lineare AWA

$$v_t = F(t,u(t))v,\; 0 \leq t \leq T,$$
$$v(0) = v_o$$

und approximiert diese durch die aus der quasilinearen Approximation (14) entsprechend hervorgehende lineare Differenzengleichung

$$v_{n+1} = -A_o(t_n,h,u(t_n))v_n$$
$$(n = 0,1,\ldots),$$

so ist dieses lineare Differenzenverfahren stabil auf $\mathfrak{M}$ im Sinne der Lax-Richtmyer-Theorie (ihre iterierten Differenzenoperatoren sind also gleichgradig stetig).

Beweis:

(Q5) liefert: $\|-A_o(t,h,u(t))\| \leq 1 + M(u_o)h \Rightarrow$

$\|(-1)^n \prod_{\nu=0}^{n-1} A_o(t_\nu,h,u(t_\nu))\| \leq (1+M(u_o)\frac{T}{n})^n \leq e^{M(u_o)T} = \text{const}$

$\forall\; (n+k-1)h \in [0,T] \Rightarrow$ Behauptung.

Lediglich der Übergang von $A_o(t_n,h,u_n)$ zu $A_o(t_n,h,u(t_n))$ führt somit im dargelegten Sinne von individueller Stetigkeit zu gleichgradiger Stetigkeit.

6.5. Aufgaben mit nicht-zylindrischen Existenzbereichen.

Bisher wurden nur Aufgaben betrachtet, bei denen sich die Lösungen $u(t)$, bzw. Näherungen u_n, für jedes feste $t \in [0,T]$, bzw. jedes feste $n \in \mathbb{N}$, als Elemente ein und desselben linearen Raumes auffassen ließen. Dies bedeutet beispielsweise bei Funktionenräumen $\mathfrak{M} = \{u(x) : x \in \mathcal{G}_0 \subset \mathbb{R}^d\}$, daß die $u(x,t)$ auf den Zylindern $\mathcal{G}_0 \times [0,T]$ definiert sein müssen (wobei auch $\mathcal{G}_0 = \mathbb{R}^d$ zugelassen ist, wie wir in Beispielen gesehen haben). Würden die $u(x,t)$, bzw. $u_n(x)$, für verschiedene t, bzw. verschiedene n, verschiedene Definitionsbereiche besitzen, so wäre $\mathfrak{M}$ offenbar kein linearer Raum. Mithin müssen die Existenzbereiche der Lösungen der gegebenen Aufgabe zylindrisch sein.

Dies ist jedoch bekanntlich schon bei linearen hyperbolischen Aufgaben mit einer auf einem beschränkten Gebiet $\mathcal{G}_0$ definierten Anfangsfunktion nicht mehr der Fall.

Beispiel:

$$w_{tt} - w_{xx} = 0, \; 0 \leq t \leq 1,$$

$$w(x,0) = w_0(x) \in C^2[-1,1], \; w_t(x,0) = v_0(x) \in C^1[-1,1].$$

Setzt man nun

$$u = \begin{bmatrix} w \\ v \end{bmatrix}$$

mit $v = w_t$, so kann die Aufgabe auch in der Form

$$u_t = Au, \; 0 \leq t \leq 1,$$

$$u(0) = u_0$$

$$\text{mit} \quad A = \begin{bmatrix} 0 & 1 \\ \frac{\partial^2}{\partial x^2} & 0 \end{bmatrix}$$

geschrieben werden.

Eindeutige Lösung dieser Aufgabe ist bekanntlich

$$w(x,t) = \frac{1}{2}(w_0(x+t)+w_0(x-t)) + \frac{1}{2}\int_{x-t}^{x+t} v_0(\xi)d\xi$$

$$v(x,t) = \frac{1}{2}(w_0'(x+t)-w_0'(x-t)) + \frac{1}{2}(v_0(x+t)+v_0(x-t)).$$

Betrachtet man etwa den Raum

$$\mathfrak{X}_0 = \{u : u \in C^0(\mathcal{G}_0), \|u\|_0 = \max_{x \in \mathcal{G}_0} |w(x)| + \max_{x \in \mathcal{G}_0} |v(x)|\}$$

und setzt man für $t \in [0,1]$

$$\mathcal{G}_t = [t-1,1-t],$$

$$\mathfrak{X}_t = \{u : u \in C^0(\mathcal{G}_t), \|u\|_t = \max_{x \in \mathcal{G}_t} |w(x)| + \max_{x \in \mathcal{G}_t} |v(x)|\},$$

so ist $E_0(t)$ ein linearer Operator von

$$\mathfrak{X}_0 \cap \begin{bmatrix} C^2[-1,1] \\ C^1[-1,1] \end{bmatrix} \text{ in } \mathfrak{X}_t.$$

$E_0(t)$ ist allerdings kein stetiger Operator bezüglich dieser Norm. Bei Verwendung anderer Normen ließe sich (eventuell unter Verzicht der Vollständigkeit der $\mathfrak{X}_t$) Stetigkeit erreichen. Man beachte überdies, daß in diesem Paragraphen die Stetigkeit der Operatoren $E_0(t)$ nicht benutzt wurde [1]).

Ausgehend von diesem Beispiel sollen nun allgemeiner Aufgaben folgender Form zugelassen werden:

---

[1]) auch nicht implizit (im Gegensatz zum Fall der stetigen Konvergenz, bzw. L-Konvergenz, der approximierenden Verfahren)

Wir betrachten zu einer Schar $\mathcal{G}_t$ $(0 \leq t \leq T)$ von Bereichen aus dem $\mathbb{R}^d$ eine Schar $\mathfrak{M}_t$ von normierten Funktionenräumen, deren Elemente auf $\mathcal{G}_t$ definiert sein mögen. Die auf $\mathfrak{M}_t$ erklärte Norm bezeichnen wir mit $\| \ \|_t$. Die Bereiche $\mathcal{G}_t$ mögen der Relation $\mathcal{G}_\tau \subset \mathcal{G}_t$ für $\tau \geq t$ genügen. Setzen wir

$$\mathcal{G} = \bigcup_{t \in [0,T]} \bigcup_{x \in \mathcal{G}_t} (x,t) \quad \text{und}$$

$\mathcal{F} = \{u(x,t) : (x,t) \in \mathcal{G},\ u(x,t) \in \mathfrak{M}_t$ für jedes feste $t \in [0,T]\}$, so ist $\mathcal{F}$ auf natürliche Weise ein linearer Raum aufgrund der Linearität der Räume $\mathfrak{M}_t$. Auf $\mathcal{F}$ möge nun eine Norm $\| \ \|$ erklärt sein. Setzt man

$$\|u\|^{(h)} = \max_{\nu = 0,\ldots,[\frac{T}{h}]} \|u\|_{t_\nu} \quad \forall\, u \in \mathcal{F}, \tag{15}$$

so gelte

$$\lim_{h \to 0} \|u\|^{(h)} = \|u\|.$$

Wir fassen also die Lösungen $u(x,t)$ von

$$u_t = F(t,u)u + G(t)u, \quad 0 \leq t \leq T,$$

$$u(0) = u_0,$$

sowohl als Elemente der normierten Räume $\mathfrak{M}_t$ bei jeweils festem t als auch als Elemente des normierten Raumes $\mathcal{F}$ auf. Zur Approximation der Aufgabe verwenden wir das Verfahren:

$u_{n+1} = -A_0(t_n,h,u_n)u_n - hB_0(t_n,h)G(t_n)u_n =: C(t_n,h)u_n$. [1])

Dabei ist $A_0(t,h,u)$ ein für jedes feste $u \in \mathfrak{M}_t$ und jedes feste $h \in [0,h_0]$ bei geeignetem $h_0 > 0$ linearer Operator von $\mathfrak{M}_t$ in $\mathfrak{M}_{t+h}$ und $B_0(t,h)$ ein für jedes feste $h \in [0,h_0]$ linearer stetiger Operator von $\mathfrak{M}_t$ in $\mathfrak{M}_{t+h}$.

---

[1]) Die Übertragung auf Mehrschrittverfahren bereitet nach dem Muster der Abschnitte 6.2 und 6.3 keinerlei Schwierigkeiten.

Formuliert man dann die für die stabile Konvergenz hinreichenden Bedingungen (Q1) bis (Q5) (vgl. S.118 - 119) in der nachfolgend angegebenen Weise, so bleiben alle dort angestellten Betrachtungen bei entsprechender Indizierung der Normen und geeigneter (durch (15) nahegelegter) Konvergenzdefinition erhalten:

(Q1a) Die Operatoren G(t) $(0 \leq t \leq T)$ seien global gleichgradig lipschitzstetig, d. h. es gebe eine Konstante L mit

$$\|G(t)u-G(t)v\|_t \leq L\,\|u-v\|_t \quad \forall\, u,v \in \mathfrak{M}_t, \quad \forall\, t \in [0,T].$$

(Q2a) Es existiere eine Konstante $b > 0$ mit der Eigenschaft

$$\|B_o(t,h)\|_t \leq b$$
$$\forall\, h \in [0,h_o], \quad \forall\, t \in [0,T].$$

(Q3a) Konsistenz:

Obiges Einschrittverfahren sei auf der Teilmenge $\mathfrak{D}$ von $\mathfrak{A}$ mit der gegebenen Aufgabe konsistent, d. h.

$$\|E_o(t+h)u_o-C(t,h)E_o(t)u_o\|_{t+h} \leq \varepsilon(h,u_o) = o(h) \quad \forall\, u_o \in \mathfrak{D}.$$

(Q4a) Es existiere eine Konstante $K > 0$ und ein Funktional κ_o auf $\mathfrak{D}$ derart, daß bei beliebigen u und v aus $\mathfrak{M}$ gilt

$$\|\{-A_o(t,h,u)+A_o(t,h,v)\}\,w\|_{t+h} \leq \begin{cases} K\cdot\|w\|_t\cdot\|u-v\|_t & \forall\, w \in \mathfrak{M}_t \\ \kappa_o(u_o)h\|u-v\|_t & \forall\, w \in \mathfrak{M}_t \\ \text{mit } w = E_o(t)u_o,\ u_o \in \mathfrak{D}. \end{cases}$$

(Q5a) Stabilität:

Es gebe ein Funktional M auf $\mathfrak{D}$ mit der Eigenschaft

$$\sup_{0\leq t\leq T}\|A_o(t,h,E_o(t)u_o)\|_t \leq 1 + M(u_o)h \quad \forall\, u_o \in \mathfrak{D}.$$

LITERATURVERZEICHNIS

[1] Ames, W.F.: Nonlinear partial differential equations in engineering. New York - London: Academic Press 1965.

[2] Ansorge, R.: Zur Struktur gewisser Konvergenzkriterien bei der numerischen Lösung von Anfangswertaufgaben. Numer. Math. 6, 224 - 234 (1964).

[3] — Der Äquivalenzsatz von Lax für halblineare Probleme. ZAMM 46, T35 - T37 (1966).

[4] — Konvergenz von Mehrschrittverfahren zur Lösung halblinearer Anfangswertaufgaben. Numer. Math. 10, 209 - 219 (1967).

[5] — Zur Existenz verallgemeinerter Lösungen nichtlinearer Anfangswertaufgaben. ISNM Vol. 12, 13 - 22. Basel und Stuttgart: Birkhäuser 1969.

[6] — Konvergenz von Differenzenverfahren für quasilineare Anfangswertaufgaben. Numer. Math. 13, 217 - 225 (1969).

[7] — Problemorientierte Hierarchie von Konvergenzbegriffen bei der numerischen Lösung von Anfangswertaufgaben. Math. Z. 112, 13 - 22 (1969).

[8] — und C. Geiger: Approximationstheoretische Abschätzung des Diskretisationsfehlers bei verallgemeinerten Lösungen gewisser Anfangswertaufgaben. Abhdl. Math. Sem. Univ. Hamburg (im Druck).

[9] Aumann, G.: Reelle Funktionen. Berlin - Göttingen - Heidelberg: Springer 1954.

[10] Collatz, L.: Funktionalanalysis und numerische Mathematik. Berlin - Göttingen - Heidelberg: Springer 1964.

[11] — The numerical treatment of differential equations (3rd ed., 2nd printing). Berlin - Heidelberg - New York: Springer 1966.

[12] Courant, R.: Über eine Eigenschaft der Abbildungsfunktionen bei konformer Abbildung. Gött. Nachr., 101 - 109 (1914).

[13] —, K. Friedrichs und H. Lewy: Über die partiellen Differenzengleichungen der mathematischen Physik. Math. Ann. 100, 32 - 74 (1928).

[14] —, E. Isaacson and M. Rees: On the solution of nonlinear hyperbolic differential equations by finite differences. Comm. Pure Appl. Math. 5, 243 - 255 (1952).

[15] Dahlquist, G.: Convergence and stability in the numerical integration of ordinary differential equations. Math. Scand. 4, 33 - 53 (1956).

[16] Douglas, J.: On the numerical integration of $\frac{\partial^2 u}{\partial x^2} + \frac{\partial^2 u}{\partial y^2} = \frac{\partial u}{\partial t}$ by implicit methods. J. Soc. Indust. Appl. Math. 3, 42 - 65 (1955).

[17] Eisen, D.: The equivalence of stability and convergence for finite difference schemes with singular coefficients. Numer. Math. 10, 20 - 29 (1967).

[18] Forsythe, G. and W. Wasow: Finite-difference methods for partial differential equations. New York - London: John Wiley & Sons 1960.

[19] Hellwig, G.: Partielle Differentialgleichungen. Stuttgart: B.G. Teubner 1960.

[20] Henrici, P.: Discrete variable methods in ordinary differential equations. New York - London: John Wiley & Sons 1962.

[21] Janenko, N.N.: Die Zwischenschrittmethode zur Lösung mehrdimensionaler Probleme der mathematischen Physik. Berlin - Heidelberg - New York: Springer 1969.

[22] Kamke, E.: Differentialgleichungen I (5. Aufl.). Leipzig: Akademische Verlagsgesellschaft Geest & Portig 1964.

[23] Kantorowitsch, L.W. und G.P. Akilow: Funktionalanalysis in normierten Räumen. Berlin: Akademie-Verlag 1964.

[24] Kreiß, H.O.: Über die Stabilitätsdefinition für Differenzengleichungen, die partielle Differentialglei-

chungen approximieren. Nordisk Tidskr. Informations-Behandling 2, 153 - 181 (1962).

[25] Laasonen, P.: Über eine Methode zur Lösung der Wärmeleitungsgleichung. Acta Math. 81, 309 - 317 (1949).

[26] Lax, P.D. and R.D. Richtmyer: Survey of the stability of linear finite difference equations. Comm. Pure Appl. Math. 9, 167 - 293 (1956).

[27] Lax, P.D. and B. Wendroff: Difference schemes for hyperbolic equations with high order of accuracy. Comm. Pure Appl. Math. 17, 381 - 398 (1964).

[28] Meinardus, G.: Approximation von Funktionen und ihre numerische Behandlung. Berlin - Göttingen - Heidelberg - New York: Springer 1964.

[29a] Monien, B.: Über die Konvergenzordnung von Differenzenverfahren, die parabolische Anfangswertaufgaben approximieren. Computing (im Druck).

[29] Paeceman, D.W. and H.H. Racheford jr.: J. Soc. Indust. Appl. Math. 3, 28 - 41 (1955).

[30] Peetre, J. and V. Thomée: On the rate of convergence for discrete initial-value problems. Math. Scand. 21, 159 - 176 (1967).

[31] Richtmyer, R.D. and K.W. Morton: Difference methods for initial-value problems (2nd ed.). New York - London -

Sidney: Interscience Publishers 1967.

[32] Riesz, F. et B. Sz.-Nagy: Leçons d'analyse fonctionelle (3me éd.). Acadêmie des Sciences de Hongrie 1955.

[33] Rinow, W.: Die innere Geometrie der metrischen Räume. Berlin - Göttingen - Heidelberg: Springer 1961.

[34] Rjabenki, V.S. und A.F. Filippow: Über die Stabilität von Differenzengleichungen. Berlin: Deutscher Verlag der Wissenschaften 1960.

[35] Sauer, R.: Anfangswertprobleme bei partiellen Differentialgleichungen (2. Aufl.). Berlin - Göttingen - Heidelberg: Springer 1958.

[36] Spijker, M.N.: Convergence and stability of step-by-step methods for the numerical solution of initial-value problems. Numer. Math. 8, 161 - 177 (1966)

[37] — On the consistency of finite-difference methods for the solution of initial-value problems. J. Math. Anal. Appl. 19, 125 - 132 (1967)

[38] Stetter, H.J.: Anwendung des Äquivalenzsatzes von P. Lax auf inhomogene Probleme. ZAMM 39, 396 - 397 (1959).

[39] — On the convergence of characteristic finite-difference methods of high accuracy for quasi-linear hyperbolic equations. Numer. Math. 3, 321 - 344 (1961).

[40] Strang, W.G.: Difference methods for mixed boundary-value problems. Duke Math. J. 27, 221 - 231 (1960).

[41] — Trigonometric polynomials and difference methods of maximum accuracy. J. Math. Phys. 41, 147 - 154 (1962).

[42] Thompson, R.J.: Difference approximations for inhomogeneous and quasi-linear equations. J. Soc. Indust. Appl. Math. 12, 189 - 199 (1964).

[43] Törnig, W.: Über Differenzenverfahren in Rechteckgittern zur numerischen Lösung quasilinearer hyperbolischer Differentialgleichungen. Numer. Math. 5, 353 - 370 (1963).

[44] — und M. Ziegler: Bemerkungen zur Konvergenz von Differenzapproximationen für quasilineare hyperbolische Anfangswertprobleme in zwei unabhängigen Veränderlichen. ZAMM 46, 201 - 210 (1966).

[45] Urabe, M.: Theory of errors in numerical integration of ordinary differential equations. J. Sci. Hiroshima Univ. Ser. A - I 25, 3 - 62 (1961).

[46] Weißinger, J.: Zur Theorie und Anwendung des Iterationsverfahrens. Math. Nachr. 8, 193 - 212 (1952).

[47] Zurmühl, R.: Matrizen. Berlin - Göttingen - Heidelberg: Springer 1950.

Lecture Notes in Mathematics

Bisher erschienen/Already published

Vol. 1: J. Wermer, Seminar über Funktionen-Algebren. IV, 30 Seiten. 1964. DM 3,80 / $ 1.10

Vol. 2: A. Borel, Cohomologie des espaces localement compacts d'après. J. Leray. IV, 93 pages. 1964. DM 9,– / $ 2.60

Vol. 3: J. F. Adams, Stable Homotopy Theory. Third edition. IV, 78 pages. 1969. DM 8,– / $ 2.20

Vol. 4: M. Arkowitz and C. R. Curjel, Groups of Homotopy Classes. 2nd. revised edition. IV, 36 pages. 1967. DM 4,80 / $ 1.40

Vol. 5: J.-P. Serre, Cohomologie Galoisienne. Troisième édition. VIII, 214 pages. 1965. DM 18,– / $ 5.00

Vol. 6: H. Hermes, Term Logic with Choise Operator. III, 55 pages. 1970. DM 6,– / $ 1.70

Vol. 7: Ph. Tondeur, Introduction to Lie Groups and Transformation Groups. Second edition. VIII, 176 pages. 1969. DM 14,– / $ 3.80

Vol. 8: G. Fichera, Linear Elliptic Differential Systems and Eigenvalue Problems. IV, 176 pages. 1965. DM 13,50 / $ 3.80

Vol. 9: P. L. Ivănescu, Pseudo-Boolean Programming and Applications. IV, 50 pages. 1965. DM 4,80 / $ 1.40

Vol. 10: H. Lüneburg, Die Suzukigruppen und ihre Geometrien. VI, 111 Seiten. 1965. DM 8,– / $ 2.20

Vol. 11: J.-P. Serre, Algèbre Locale. Multiplicités. Rédigé par P. Gabriel. Seconde édition. VIII, 192 pages. 1965. DM 12,– / $ 3.30

Vol. 12: A. Dold, Halbexakte Homotopiefunktoren. II, 157 Seiten. 1966. DM 12,– / $ 3.30

Vol. 13: E. Thomas, Seminar on Fiber Spaces. IV, 45 pages. 1966. DM 4,80 / $ 1.40

Vol. 14: H. Werner, Vorlesung über Approximationstheorie. IV, 184 Seiten und 12 Seiten Anhang. 1966. DM 14,– / $ 3.90

Vol. 15: F. Oort, Commutative Group Schemes. VI, 133 pages. 1966. DM 9,80 / $ 2.70

Vol. 16: J. Pfanzagl and W. Pierlo, Compact Systems of Sets. IV, 48 pages. 1966. DM 5,80 / $ 1.60

Vol. 17: C. Müller, Spherical Harmonics. IV, 46 pages. 1966. DM 5,– / $ 1.40

Vol. 18: H.-B. Brinkmann und D. Puppe, Kategorien und Funktoren. XII, 107 Seiten, 1966. DM 8,– / $ 2.20

Vol. 19: G. Stolzenberg, Volumes, Limits and Extensions of Analytic Varieties. IV, 45 pages. 1966. DM 5,40 / $ 1.50

Vol. 20: R. Hartshorne, Residues and Duality. VIII, 423 pages. 1966. DM 20,– / $ 5.50

Vol. 21: Seminar on Complex Multiplication. By A. Borel, S. Chowla, C. S. Herz, K. Iwasawa, J.-P. Serre. IV, 102 pages. 1966. DM 8,– / $ 2.20

Vol. 22: H. Bauer, Harmonische Räume und ihre Potentialtheorie. IV, 175 Seiten. 1966. DM 14,– / $ 3.90

Vol. 23: P. L. Ivănescu and S. Rudeanu, Pseudo-Boolean Methods for Bivalent Programming. 120 pages. 1966. DM 10,– / $ 2.80

Vol. 24: J. Lambek, Completions of Categories. IV, 69 pages. 1966. DM 6,80 / $ 1.90

Vol. 25: R. Narasimhan, Introduction to the Theory of Analytic Spaces. IV, 143 pages. 1966. DM 10,– / $ 2.80

Vol. 26: P.-A. Meyer, Processus de Markov. IV, 190 pages. 1967. DM 15,– / $ 4.20

Vol. 27: H. P. Künzi und S. T. Tan, Lineare Optimierung großer Systeme. VI, 121 Seiten. 1966. DM 12,– / $ 3.30

Vol. 28: P. E. Conner and E. E. Floyd, The Relation of Cobordism to K-Theories. VIII, 112 pages. 1966. DM 9,80 / $ 2.70

Vol. 29: K. Chandrasekharan, Einführung in die Analytische Zahlentheorie. VI, 199 Seiten. 1966. DM 16,80 / $ 4.70

Vol. 30: A. Frölicher and W. Bucher, Calculus in Vector Spaces without Norm. X, 146 pages. 1966. DM 12,– / $ 3.30

Vol. 31: Symposium on Probability Methods in Analysis. Chairman. D. A. Kappos.IV, 329 pages. 1967. DM 20,– / $ 5.50

Vol. 32: M. André, Méthode Simpliciale en Algèbre Homologique et Algèbre Commutative. IV, 122 pages. 1967. DM 12,– / $ 3.30

Vol. 33: G. I. Targonski, Seminar on Functional Operators and Equations. IV, 110 pages. 1967. DM 10,– / $ 2.80

Vol. 34: G. E. Bredon, Equivariant Cohomology Theories. VI, 64 pages. 1967. DM 6,80 / $ 1.90

Vol. 35: N. P. Bhatia and G. P. Szegö, Dynamical Systems. Stability Theory and Applications. VI, 416 pages. 1967. DM 24,– / $ 6.60

Vol. 36: A. Borel, Topics in the Homology Theory of Fibre Bundles. VI, 95 pages. 1967. DM 9,– / $ 2.50

Vol. 37: R. B. Jensen, Modelle der Mengenlehre. X, 176 Seiten. 1967. DM 14,– / $ 3.90

Vol. 38: R. Berger, R. Kiehl, E. Kunz und H.-J. Nastold, Differentialrechnung in der analytischen Geometrie IV, 134 Seiten. 1967 DM 12,– / $ 3.30

Vol. 39: Séminaire de Probabilités I. II, 189 pages. 1967. DM 14,– / $ 3.90

Vol. 40: J. Tits, Tabellen zu den einfachen Lie Gruppen und ihren Darstellungen. VI, 53 Seiten. 1967. DM 6.80 / $ 1.90

Vol. 41: A. Grothendieck, Local Cohomology. VI, 106 pages. 1967. DM 10,– / $ 2.80

Vol. 42: J. F. Berglund and K. H. Hofmann, Compact Semitopological Semigroups and Weakly Almost Periodic Functions. VI, 160 pages. 1967. DM 12,– / $ 3.30

Vol. 43: D. G. Quillen, Homotopical Algebra. VI, 157 pages. 1967. DM 14,– / $ 3.90

Vol. 44: K. Urbanik, Lectures on Prediction Theory. IV, 50 pages. 1967. DM 5,80 / $ 1.60

Vol. 45: A. Wilansky, Topics in Functional Analysis. VI, 102 pages. 1967. DM 9,60 / $ 2.70

Vol. 46: P. E. Conner, Seminar on Periodic Maps. IV, 116 pages. 1967. DM 10,60 / $ 3.00

Vol. 47: Reports of the Midwest Category Seminar I. IV, 181 pages. 1967. DM 14,80 / $ 4.10

Vol. 48: G. de Rham, S. Maumary et M. A. Kervaire, Torsion et Type Simple d'Homotopie. IV, 101 pages. 1967. DM 9,60 / $ 2.70

Vol. 49: C. Faith, Lectures on Injective Modules and Quotient Rings. XVI, 140 pages. 1967. DM 12,80 / $ 3.60

Vol. 50: L. Zalcman, Analytic Capacity and Rational Approximation. VI, 155 pages. 1968. DM 13.20 / $ 3.70

Vol. 51: Séminaire de Probabilités II. IV, 199 pages. 1968. DM 14,– / $ 3.90

Vol. 52: D. J. Simms, Lie Groups and Quantum Mechanics. IV, 90 pages. 1968. DM 8,– / $ 2.20

Vol. 53: J. Cerf, Sur les difféomorphismes de la sphère de dimension trois (Γ_4 = O). XII, 133 pages. 1968. DM 12,– / $ 3.30

Vol. 54: G. Shimura, Automorphic Functions and Number Theory. VI, 69 pages. 1968. DM 8,– / $ 2.20

Vol. 55: D. Gromoll, W. Klingenberg und W. Meyer, Riemannsche Geometrie im Großen. VI, 287 Seiten. 1968. DM 20,– / $ 5.50

Vol. 56: K. Floret und J. Wloka, Einführung in die Theorie der lokalkonvexen Räume. VIII, 194 Seiten. 1968. DM 16,– / $ 4.40

Vol. 57: F. Hirzebruch und K. H. Mayer, O (n)-Mannigfaltigkeiten, exotische Sphären und Singularitäten. IV, 132 Seiten. 1968. DM 10,80 / $ 3.00

Vol. 58: Kuramochi Boundaries of Riemann Surfaces. IV, 102 pages. 1968. DM 9,60 / $ 2.70

Vol. 59: K. Jänich, Differenzierbare G-Mannigfaltigkeiten. VI, 89 Seiten. 1968. DM 8,– / $ 2.20

Vol. 60: Seminar on Differential Equations and Dynamical Systems. Edited by G. S. Jones. VI, 106 pages. 1968. DM 9,60 / $ 2.70

Vol. 61: Reports of the Midwest Category Seminar II. IV, 91 pages. 1968. DM 9,60 / $ 2.70

Vol. 62: Harish-Chandra, Automorphic Forms on Semisimple Lie Groups X, 138 pages. 1968. DM 14,– / $ 3.90

Vol. 63: F. Albrecht, Topics in Control Theory. IV, 65 pages. 1968. DM 6,80 / $ 1.90

Vol. 64: H. Berens, Interpolationsmethoden zur Behandlung von Approximationsprozessen auf Banachräumen. VI, 90 Seiten. 1968. DM 8,– / $ 2.20

Vol. 65: D. Kölzow, Differentiation von Maßen. XII, 102 Seiten. 1968. DM 8,– / $ 2.20

Vol. 66: D. Ferus, Totale Absolutkrümmung in Differentialgeometrie und -topologie. VI, 85 Seiten. 1968. DM 8,– / $ 2.20

Vol. 67: F. Kamber and P. Tondeur, Flat Manifolds. IV, 53 pages. 1968. DM 5,80 / $ 1.60

Vol. 68: N. Boboc et P. Mustață, Espaces harmoniques associés aux opérateurs différentiels linéaires du second ordre de type elliptique. VI, 95 pages. 1968. DM 8,60 / $ 2.40

Vol. 69: Seminar über Potentialtheorie. Herausgegeben von H. Bauer. VI, 180 Seiten. 1968. DM 14,80 / $ 4.10

Vol. 70: Proceedings of the Summer School in Logic. Edited by M. H. Löb. IV, 331 pages. 1968. DM 20,– / $ 5.50

Vol. 71: Séminaire Pierre Lelong (Analyse), Année 1967 – 1968. VI, 19 pages. 1968. DM 14,– / $ 3.90

Bitte wenden / Continued

Vol. 72: The Syntax and Semantics of Infinitary Languages. Edited by J. Barwise. IV, 268 pages. 1968. DM 18,– / $ 5.00

Vol. 73: P. E. Conner, Lectures on the Action of a Finite Group. IV, 123 pages. 1968. DM 10,– / $ 2.80

Vol. 74: A. Fröhlich, Formal Groups. IV, 140 pages. 1968. DM 12,– / $ 3.30

Vol. 75: G. Lumer, Algèbres de fonctions et espaces de Hardy. VI, 80 pages. 1968. DM 8,– / $ 2.20

Vol. 76: R. G. Swan, Algebraic K-Theory. IV, 262 pages. 1968. DM 18,– / $ 5.00

Vol. 77: P.-A. Meyer, Processus de Markov: la frontière de Martin. IV, 123 pages. 1968. DM 10,– / $ 2.80

Vol. 78: H. Herrlich, Topologische Reflexionen und Coreflexionen. XVI, 166 Seiten. 1968. DM 12,– / $ 3.30

Vol. 79: A. Grothendieck, Catégories Cofibrées Additives et Complexe Cotangent Relatif. IV, 167 pages. 1968. DM 12,– / $ 3.30

Vol. 80: Seminar on Triples and Categorical Homology Theory. Edited by B. Eckmann. IV, 398 pages. 1969. DM 20,– / $ 5.50

Vol. 81: J.-P. Eckmann et M. Guenin, Méthodes Algébriques en Mécanique Statistique. VI, 131 pages. 1969. DM 12,– / $ 3.30

Vol. 82: J. Wloka, Grundräume und verallgemeinerte Funktionen. VIII, 131 Seiten. 1969. DM 12,– / $ 3.30

Vol. 83: O. Zariski, An Introduction to the Theory of Algebraic Surfaces. IV, 100 pages. 1969. DM 8,– / $ 2.20

Vol. 84: H. Lüneburg, Transitive Erweiterungen endlicher Permutationsgruppen. IV, 119 Seiten. 1969. DM 10,– / $ 2.80

Vol. 85: P. Cartier et D. Foata, Problèmes combinatoires de commutation et réarrangements. IV, 88 pages. 1969. DM 8,– / $ 2.20

Vol. 86: Category Theory, Homology Theory and their Applications I. Edited by P. Hilton. VI, 216 pages. 1969. DM 16,– / $ 4.40

Vol. 87: M. Tierney, Categorical Constructions in Stable Homotopy Theory. IV, 65 pages. 1969. DM 6,– / $ 1.70

Vol. 88: Séminaire de Probabilités III. IV, 229 pages. 1969. DM 18,– / $ 5.00

Vol. 89: Probability and Information Theory. Edited by M. Behara, K. Krickeberg and J. Wolfowitz. IV, 256 pages. 1969. DM 18,– / $ 5.00

Vol. 90: N. P. Bhatia and O. Hajek, Local Semi-Dynamical Systems. II, 157 pages. 1969. DM 14,– / $ 3.90

Vol. 91: N. N. Janenko, Die Zwischenschrittmethode zur Lösung mehrdimensionaler Probleme der mathematischen Physik. VIII, 194 Seiten. 1969. DM 16,80 / $ 4.70

Vol. 92: Category Theory, Homology Theory and their Applications II. Edited by P. Hilton. V, 308 pages. 1969. DM 20,– / $ 5.50

Vol. 93: K. R. Parthasarathy, Multipliers on Locally Compact Groups. III, 54 pages. 1969. DM 5,60 / $ 1.60

Vol. 94: M. Machover and J. Hirschfeld, Lectures on Non-Standard Analysis. VI, 79 pages. 1969. DM 6,– / $ 1.70

Vol. 95: A. S. Troelstra, Principles of Intuitionism. II, 111 pages. 1969. DM 10,– / $ 2.80

Vol. 96: H.-B. Brinkmann und D. Puppe, Abelsche und exakte Kategorien, Korrespondenzen. V, 141 Seiten. 1969. DM 10,– / $ 2.80

Vol. 97: S. O. Chase and M. E. Sweedler, Hopf Algebras and Galois theory. II, 133 pages. 1969. DM 10,– / $ 2.80

Vol. 98: M. Heins, Hardy Classes on Riemann Surfaces. III, 106 pages. 1969. DM 10,– / $ 2.80

Vol. 99: Category Theory, Homology Theory and their Applications III. Edited by P. Hilton. IV, 489 pages. 1969. DM 24,– / $ 6.60

Vol. 100: M. Artin and B. Mazur, Etale Homotopy. II, 196 Seiten. 1969. DM 12,– / $ 3.30

Vol. 101: G. P. Szegö et G. Treccani, Semigruppi di Trasformazioni Multivoche. VI, 177 pages. 1969. DM 14,– / $ 3.90

Vol. 102: F. Stummel, Rand- und Eigenwertaufgaben in Sobolewschen Räumen. VIII, 386 Seiten. 1969. DM 20,– / $ 5.50

Vol. 103: Lectures in Modern Analysis and Applications I. Edited by C. T. Taam. VII, 162 pages. 1969. DM 12,– / $ 3.30

Vol. 104: G. H. Pimbley, Jr., Eigenfunction Branches of Nonlinear Operators and their Bifurcations. II, 128 pages. 1969. DM 10,– / $ 2.80

Vol. 105: R. Larsen, The Multiplier Problem. VII, 284 pages. 1969. DM 18,– / $ 5.00

Vol. 106: Reports of the Midwest Category Seminar III. Edited by S. Mac Lane. III, 247 pages. 1969. DM 16,– / $ 4.40

Vol. 107: A. Peyerimhoff, Lectures on Summability. III, 111 pages. 1969. DM 8,– / $ 2.20

Vol. 108: Algebraic K-Theory and its Geometric Applications. Edited by R. M. F. Moss and C. B. Thomas. IV, 86 pages. 1969. DM 6,– / $ 1.70

Vol. 109: Conference on the Numerical Solution of Differential Equations. Edited by J. Ll. Morris. VI, 275 pages. 1969. DM 18,– / $ 5.00

Vol. 110: The Many Facets of Graph Theory. Edited by G. Chartrand and S. F. Kapoor. VIII, 290 pages. 1969. DM 18,– / $ 5.00

Vol. 111: K. H. Mayer, Relationen zwischen charakteristischen Zahlen. III, 99 Seiten. 1969. DM 8,– / $ 2.20

Vol. 112: Colloquium on Methods of Optimization. Edited by N. N. Moiseev. IV, 293 pages. 1970. DM 18,– / $ 5.00

Vol. 113: R. Wille, Kongruenzklassengeometrien. III, 99 Seiten. 1970. DM 8,– / $ 2.20

Vol. 114: H. Jacquet and R. P. Langlands, Automorphic Forms on GL (2). VII, 548 pages. 1970. DM 24,– / $ 6.60

Vol. 115: K. H. Roggenkamp and V. Huber-Dyson, Lattices over Orders I. XIX, 290 pages. 1970. DM 18,– / $ 5.00

Vol. 116: Séminaire Pierre Lelong (Analyse) Année 1969. IV, 195 pages. 1970. DM 14,– / $ 3.90

Vol. 117: Y. Meyer, Nombres de Pisot, Nombres de Salem et Analyse Harmonique. 63 pages. 1970. DM 6,– / $ 1.70

Vol. 118: Proceedings of the 15th Scandinavian Congress, Oslo 1968. Edited by K. E. Aubert and W. Ljunggren. IV, 162 pages. 1970. DM 12,– / $ 3.30

Vol. 119: M. Raynaud, Faisceaux amples sur les schémas en groupes et les espaces homogènes. III, 219 pages. 1970. DM 14,– / $ 3.90

Vol. 120: D. Siefkes, Büchi's Monadic Second Order Successor Arithmetic. XII, 130 Seiten. 1970. DM 12,– / $ 3.30

Vol. 121: H. S. Bear, Lectures on Gleason Parts. III, 47 pages. 1970. DM 6,– / $ 1.70

Vol. 122: H. Zieschang, E. Vogt und H.-D. Coldewey, Flächen und ebene diskontinuierliche Gruppen. VIII, 203 Seiten. 1970. DM 16,– / $ 4.40

Vol. 123: A. V. Jategaonkar, Left Principal Ideal Rings. VI, 145 pages. 1970. DM 12,– / $ 3.30

Vol. 124: Séminare de Probabilités IV. Edited by P. A. Meyer. IV, 282 pages. 1970. DM 20,– / $ 5.50

Vol. 125: Symposium on Automatic Demonstration. V, 310 pages. 1970. DM 20,– / $ 5.50

Vol. 126: P. Schapira, Théorie des Hyperfonctions. XI, 157 pages. 1970. DM 14,– / $ 3.90

Vol. 127: I. Stewart, Lie Algebras. IV, 97 pages. 1970. DM 10,– / $ 2.80

Vol. 128: M. Takesaki, Tomita's Theory of Modular Hilbert Algebras and its Applications. II, 123 pages. 1970. DM 10,– / $ 2.80

Vol. 129: K. H. Hofmann, The Duality of Compact Semigroups and C*- Bigebras. XII, 142 pages. 1970. DM 14,– / $ 3.90

Vol. 130: F. Lorenz, Quadratische Formen über Körpern. II, 77 Seiten. 1970. DM 8,– / $ 2.20

Vol. 131: A Borel et al., Seminar on Algebraic Groups and Related Finite Groups. VII, 321 pages. 1970. DM 22,– / $ 6.10

Vol. 132: Symposium on Optimization. III, 348 pages. 1970. DM 22,– / $ 6.10

Vol. 133: F. Topsøe, Topology and Measure. XIV, 79 pages. 1970. DM 8,– / $ 2.20

Vol. 134: L. Smith, Lectures on the Eilenberg-Moore Spectral Sequence. VII, 142 pages. 1970. DM 14,– / $ 3.90

Vol. 135: W. Stoll, Value Distribution of Holomorphic Maps into Compact Complex Manifolds. II, 267 pages. 1970. DM 18,– / $

Vol. 136: M. Karoubi et al., Séminaire Heidelberg-Saarbrücken-Strasbourg sur la K-Théorie. IV, 264 pages. 1970. DM 18,– / $ 5.00

Vol. 137: Reports of the Midwest Category Seminar IV. Edited by S. MacLane. III, 139 pages. 1970. DM 12,– / $ 3.30

Vol. 138: D. Foata et M. Schützenberger, Théorie Géométrique des Polynômes Eulériens. V, 94 pages. 1970. DM 10,– / $ 2.80

Vol. 139: A. Badrikian, Séminaire sur les Fonctions Aléatoires Linéaires et les Mesures Cylindriques. VII, 221 pages. 1970. DM 18,– / $ 5.00

Vol. 140: Lectures in Modern Analysis and Applications II. Edited by C. T. Taam. VI, 119 pages. 1970. DM 10,– / $ 2.80

Vol. 141: G. Jameson, Ordered Linear Spaces. XV, 194 pages. 1970. DM 16,– / $ 4.40

Vol. 142: K. W. Roggenkamp, Lattices over Orders II. V, 388 pages. 1970. DM 22,– / $ 6.10

Vol. 143: K. W. Gruenberg, Cohomological Topics in Group Theory. XIV, 275 pages. 1970. DM 20,– / $ 5.50